KMAP
Katayanagi Motion Analysis Program

ゲイン最適化による多目的制御設計
なぜこんなに簡単に設計できるのか

片柳 亮二 著

産業図書

は じ め に

　著者は長らく航空機の飛行制御設計の仕事にたずさわってきた．近年の飛行制御システムは，フライ・バイ・ワイヤ（FBW）といわれるコンピュータ制御のシステムとなっている．これにより非常に高性能な運動制御が可能になったが，その半面これまで遭遇しなかったリスクも抱えることになった．

　これまでの飛行制御システムは，"メカニカル操縦システム"であり，パイロットの入力がリンクやロッドを介して直接舵面アクチュエータに伝えられるわかりやすいシステム，いわゆる"見える化"が実現されていたシステムであった．これに対して，フライ・バイ・ワイヤシステムは，コンピュータがアクチュエータを動かすシステムであり，ソフトウェアが介在したフィードバック制御で複雑でわかりにくく，不具合の要因が見えにくいシステムとなっている．

　例えば，地上での飛行前点検では，従来はパイロットが操舵して整備士が機体の外から舵面の動きをチェックしていたが，フライ・バイ・ワイヤの機体では舵面は上下に複雑に動き，もはや整備士が良否を判断できないため，システムの良否もコンピュータが行うようになっている．

　これまで，フライ・バイ・ワイヤシステムを搭載した航空機の開発においては，初飛行までにスケジュール遅延など，多くの困難を伴ったものであった．その困難の要因の多くは，飛行制御則というソフトウェアによる飛行操縦ロジックの設計と検証に時間がかかった結果であった．

　実際，過去にフライ・バイ・ワイヤシステムの不具合でトラブルに見舞われた機体が少なからずあるが，いずれも飛行制御則の不具合が原因である．フライ・バイ・ワイヤシステムのハードウェアについては，安全策としてはシステムを多重化することで対応しているが，飛行制御則についてはソフトウェアで

操縦ロジックを作り上げているため1重システムとなっている．そういう意味で，飛行制御則の設計は，不具合を生じないように安全第一で設計する必要がある．

　本書は，著者がこれまで40年以上，飛行制御則の設計や研究活動を通じて得た経験を踏まえて新たに考案した，簡単で実用的な制御設計法KMAP（ケーマップ）法について，例題を通じてまとめたものである．KMAPとは"Katayanagi Motion Analysis Program"の略で，当初は航空機の運動解析用に開発されたソフトウェアであるが，その後逐次バージョンアップする形で，制御系設計ツールとして発展したものである．KMAP法は，制御系が単に安定であるだけではなく，その安定度も正確に指定して設計できるなど，安全が最優先されるシステム（飛行制御系など）に適した方法と考えられる．これから制御設計に携わるエンジニアの方の参考になれば望外の喜びである．

　最後に，本書の執筆に際しまして，特段のご尽力をいただいた産業図書の飯塚尚彦社長ならびに編集グループの方々にお礼申し上げます．

　2018年7月

片柳亮二

目　次

はじめに　i

第1章　難しい制御理論を用いなくても問題は解ける ………………………1

1.1　古典制御理論は古い？ ………………………………………………1

1.2　難し過ぎる現代制御理論 ……………………………………………2

1.3　なぜこんなに簡単に設計できるのか ………………………………3

1.4　KMAP ゲイン最適化法ができる事（まとめ）……………………6

　　（1）アクチュエータを考慮して設計できる …………………………6

　　（2）出力フィードバック方式であるのでオブザーバは不要 ………7

　　（3）時間遅れを考慮して設計できる …………………………………8

　　（4）制御則のゲインだけでなくフィルタの時定数も最適化できる

　　　　………………………………………………………………………8

　　（5）ロバスト安定問題においても保守的でない解が得られる ……9

　　（6）外乱に対して低感度な制御系が簡単に得られる ………………10

　　（7）混合感度問題が多目的制御設計として簡単にできる …………11

　　（8）安定余裕要求を満足する制御系が簡単に設計できる …………11

　　（9）極の実部領域を指定した制御系が簡単に設計できる …………12

　　（10）極位置を指定した制御系が簡単に設計できる …………………12

　　（11）コントロール舵角量を制限した制御系が簡単に設計できる ……13

　　（12）制御則内ゲイン等の中で最適化するものを選択できる ………13

　　（13）非線形最適化問題が簡単に解ける ………………………………13

　　（14）非線形システムを安定化する制御系が簡単に設計できる ……14

　　（15）線形解析とシミュレーション解析が同時にできる ……………15

iv

第2章　KMAP 法による制御系の基本構造表現 ･･････････････････ 17
2.1　伝達関数は古典制御で古い？ ････････････････････････････ 18
2.2　制御系の基本構造表現 ･･･････････････････････････････････ 19
2.3　航空機の運動変数について（参考） ･･････････････････････ 23

第3章　制御系の特性について ･････････････････････････････････ 25
3.1　伝達関数の周波数特性 ･･･････････････････････････････････ 25
3.2　フィードバック制御系は必ず不安定になるので注意 ･･･････ 27
3.3　ナイキストの安定判別法 ･････････････････････････････････ 31
3.4　一巡伝達関数のボード線図による安定判別 ･･･････････････ 32
3.5　時間応答特性 ･･･ 32

第4章　KMAP ゲイン最適化による安定化制御設計 ･･･････････ 35
例題4.1　ピッチ角制御系1の安定化 ････････････････････････ 37
例題4.2　ロール角制御系1の安定化 ････････････････････････ 44
例題4.3　ロール角制御系1（時間遅れ有）の安定化 ･･･････････ 52
例題4.4　ロール角制御系2（時間遅れ有）の安定化 ･･･････････ 59
例題4.5　ピッチ角制御系2の極位置を指定して安定化 ･･･････ 66

第5章　KMAP ゲイン最適化による多目的制御設計 ･･･････････ 73
例題5.1　ピッチ角制御系1の安定化と外乱低減 ････････････ 74
例題5.2　ピッチ角制御系1の安定余裕と外乱低減 ･･････････ 80
例題5.3　ピッチ角制御系1（乗法的誤差有無）の同時安定化 ･････ 86
例題5.4　ピッチ角制御系1（乗法的誤差有無）の同時安定化と外乱低減
　　　　 ･･ 93
例題5.5　ロール角制御系1（時間遅れ有）の安定余裕と外乱低減 ････ 101
例題5.6　ロール角制御系2（時間遅れ有）の安定化と外乱低減 ････ 108
例題5.7　ホバリング飛行体（先端質量変化前後）の同時安定化 ･･･････ 118
例題5.8　ロール角制御系1の極の実部領域を指定して安定化 ･････････ 128

目　次　　　　　　　　v

付録A　ラプラス変換と伝達関数 ……………………………………… 133

付録B　制御解析ツールについて（参考） ……………………………… 137

付録C　制御系設計において注意する点 ……………………………… 167

参考文献　171

索　引　175

第1章 難しい制御理論を用いなくても問題は解ける

　制御工学はエンジニアには非常に役に立つ学問である．筆者は，"制御"と聞いただけで敬遠する学生を多くみてきた．それはなぜだろうと考えたとき，制御工学の教科書や教え方にも問題があるように思う．制御は実際の問題解決に非常に役に立つことが十分に伝わる前に，面倒な複素数の計算などでいやになってしまうことも考えられる．

　本書は，制御は決して難しい学問ではなく，基本事項をしっかり勉強すれば，実際の複雑な問題も簡単に解くことができる実用的な設計法についてまとめたものである．具体的な例題は後述するとして，本章では，現状の制御工学について少し説明を加えたいと思う．

1.1 古典制御理論は古い？

　書店にいくと，制御工学の本がたくさん並んでいる．それらの本は大きく2つに分類できる．1つは，伝達関数を基本として解析する"**古典制御**"といわれるもの，もう1つは，状態空間表現（ベクトルや行列を用いて制御系を記述）により，制御則を含めた拡大系の行列方程式を制御理論を駆使してフィードバックゲインを求めていく"**現代制御理論**"といわれる方法である．ここでは，まず古典制御理論について述べる．

　古典制御理論を中心にした本では，制御の基礎的な考え方など重要な事項をしっかり説明しているものが多い．ただ，取り上げている例題が手計算できる程度の簡単なものが多く，複素数の計算などを手計算でやらされると，学生は「制御工学は面倒なもの」と敬遠してしまう．現在では極・零点，根軌跡，ボード線図，過渡応答などは簡単に自分のパソコンで解が出せるので，より実

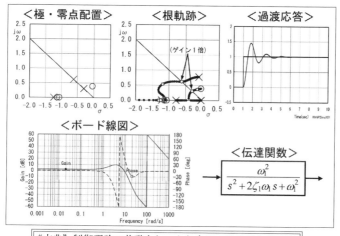

図1.1(a)　古典制御理論

際の問題を例題として解かせることで，制御工学が役に立つことを体験させるとよいと思う．教える内容にも問題があるようである．例えば，会社では使わないようなラウス・フルビッツの安定判別法や，ラプラス"逆"変換などは簡単な紹介だけでよいのではないかと思う．

　古典制御理論の内容は非常に重要である．制御の基礎的事項として，古典制御理論をしっかり身につけることが実際の設計には欠かせない．ところが，"古典"というレッテルを張られているため，古典制御理論は学ぶ必要はないと考えているエンジニアも見受けられる．学会発表で筆者は次のような質問をしたことがある．「ところで，この制御系の極はどの辺にあるのですか？」と．それに対して，「計算していません」との答えに驚いたことを記憶している．恐らく，根軌跡なども計算したことがないのではないか．このエンジニアには飛行制御則の設計は無理だろうと思ったものである．

1.2　難し過ぎる現代制御理論

　現代制御理論が発展した当初は，最適レギュレータ理論などがパソコンで，安定で性能のよい解が容易に得られるようになると，企業でも使われるよう

になった．最適レギュレータ理論は一般のエンジニアにもわかりやすく，またその設計結果も状態フィードバックとなるのでブロック図で制御系構造が明確であり，多くの問題で利用された．ところが，その後 H_∞ 制御や線形行列不等式 LMI（Linear Matrix Inequality）制御など次第に難しい制御理論が展開されるようになり，しだいに一般のエンジニアには手が届かない手法になりつつあるのが現状である．制御対象のダイナミクスと飛行制御系構成要素による拡大系に対して，複数の設計仕様（目的）を満足するような多目的設計の行列方程式を解き，その結果からフィードバックゲインを求めていくには，解析手法の理解なども含めて大変な労力が求められるようになっている（図1.1(b))．

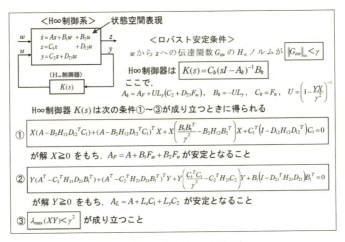

図1.1(b) 現代制御理論[30), 40)]

　このような背景から，本書では，一般のエンジニアが容易に使えるような，より簡単な方法で**多目的制御設計**が行える実用的な設計方法を開発したので，以下紹介していく．

1.3　なぜこんなに簡単に設計できるのか

　本論に入る前に，現代制御理論で設計したという研究発表などを聴講した際に感じたことを述べてみたい．発表論文内の制御系のブロック図には，得られ

たフィードバック制御器 $K(s)$ という文字のみが記述されており，フィルタの詳細などが省略されている場合が多い．設計の結果として，ボード線図やシミュレーション特性が表示されているが，フィードバック制御器による極・零点がどこにあるのか，全体の極・零点はどうなっているのか示されていないものが多い．これは，恐らく重要ではないと考えているのではないかと想像する．特に，飛行制御系のような安全第一の制御系については，図1.3(a) に示すように，ブロック図において状態変数の情報の伝わり方が明確で，わかりやすい構造である必要がある．各制御則要素は伝達関数で表現されており，各要素の極・零点は明確である．図1.3(a) に示した例は1入力多出力系であるが，多入力多出力系であっても伝達関数を用いたブロック図を描けば明確に表すことができる．伝達関数は古典制御のツールだとして，あまり使われない傾向があるが，制御ブロック図を伝達関数を用いて表現することで非常にわかりやすいものとなる．

　さて，図1.3(a) の制御系は，航空機のピッチ角 θ をフィードバックしてコマンド θ_m に追従させるもので，安定を強化するためにピッチ角速度 q もフィードバックしている．ここで，決めたい数値は，ゲイン K_1, K_2, 積分ゲイン a, リードラグ時定数 T_1, T_2 である．これらの値を決めることが制御系設計である．もともと，昔の制御系設計では，これらの値は，適当に選んで，性能が満足するまで修正しながら決めていった．コンピュータが今のように使えなかった時代で，性能評価解析も非常に時間のかかる作業であった．しかし，

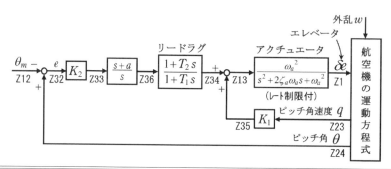

図1.3(a)　フィードバック制御系の例

たとえ適当に決めた値であっても，制御性能を満足すればそれで設計は完成である．ここでは，難しい制御理論は必要ない．

本書で紹介しようとしている簡単で実用的な制御系設計法は，昔の設計者が行ってきた方法を，コンピュータの力を借りて行ってしまおうというものである．具体的にどのようなものなのか，一般の設計法と比較すると図1.3(b)のようになる．

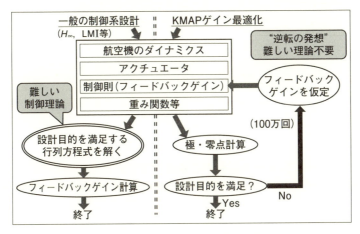

図1.3(b)　KMAPゲイン最適化設計

簡単で実用的な制御系設計法は，ここでは"**KMAP（ケーマップ）ゲイン最適化法**"（略して"**KMAP法**"）と呼ぶことにする．図1.3(b)は，一般の制御系設計とKMAPゲイン最適化法との比較を示したものである．

一般の制御系設計の方法（現代制御理論）では，制御系の安定性，操縦性および外乱特性等が良好となる条件を記述する行列方程式を導出して，その行列方程式を解いてからフィードバックゲインを得るという複雑な手順である．導出できた行列方程式が必ずしも最適であるとは限らず，また行列方程式も必ず解があるとは限らない．

これに対して，KMAPゲイン最適化法は，制御系の安定性，操縦性および外乱特性等が良好となるフィードバックゲインを直接見いだす方法である．これらの制御性能は極・零点配置によって決まるものであるので，乱数を用いてフィードバックゲインを仮定して，極・零点配置を求めると，その結果として

制御性能が決まる．得られた性能が満足しなければ，新たな組み合わせの
フィードバックゲインを仮定し，その作業を繰り返す．満足する結果が得られ
ればそれで設計は終了となる．本方法は，いわゆる**モンテカルロ法**であるが，
制御性能を直接評価するので，目標性能を直接指定できるのも強みである．す
なわち，これは一種の"**逆転の発想**"で，非常に単純な作業の繰り返しである
が，難しい制御理論なしに確実に解にたどり着くことが確認されている．

　実は，筆者も最初はこれほどうまくいくとは思っていなかった．ところが，
実際に制御設計をおこなってみると，設計結果も非常に満足するものであった．
ゲイン最適化の繰り返し計算は100万回行うが，普通のパソコンで，数分で計
算が終了するのも驚きであった．このように，簡単で実用的な制御系設計法で
あることから，ぜひ皆さんにも使ってもらいたいと思った事も，本書をまとめ
るきっかけとなっている．それでは，次章以降，具体的な例題にて説明してい
こう．

1.4　KMAP ゲイン最適化法ができる事（まとめ）

　KMAP ゲイン最適化法によって，種々の多目的制御設計の問題が簡単に解
けることをこれから説明していくが，どのような問題を扱うことができるのか，
ここにまとめておく．

（1）　アクチュエータを考慮して設計できる

　現代制御理論が広く使われるようになったのは，最適レギュレータによって
安定で性能のよい制御系が簡単に得られるようになったからである．最適レ
ギュレータによる制御系は，被制御系（例えば航空機）の運動変数（状態変数
という）を全てフィードバックする制御系である．この制御系は"**状態フィー
ドバック制御系**"といわれる．図1.4(a) に，状態フィードバック制御系の例
を示すが，実際にはアクチュエータのダイナミクスがあり，少なからず制御性
能に影響を与えることから，設計時の評価にはアクチュエータもモデル化して
おく必要がある．ところが，アクチュエータを無視してフィードバックゲイン
を求めて制御系を構成して，性能評価時にアクチュエータを追加すると，性能
が大きく劣化する可能性がある．この対策として，アクチュエータのダイナミ

クスも状態量に追加する方法が考えられるが，アクチュエータのダイナミクスのモデル化は2次遅れ以上が望ましいため，その場合，アクチュエータ舵角とその速度も計測する必要があり難しい．もしアクチュエータの状態もフィードバックすることができたとしても，そのフィードバックによって，精密に設計されたアクチュエータの特性を変化させてしまい，アクチュエータ自身の性能を劣化させる恐れがある．

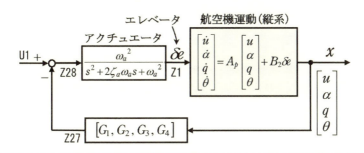

図1.4(a) 状態フィードバック制御系の例

これに対して，KMAPゲイン最適化では，フィードバックゲインの内，求めたいゲインだけを選択できるため，アクチュエータを考慮した状態でも選択したゲインのみ最適値を求めることが可能である．

（2） 出力フィードバック方式であるのでオブザーバは不要

被制御系（例えば航空機）の状態変数が全て観測できない場合は，図1.4(b)に示すように，オブザーバによって観測できない状態変数を推定して，状態フィードバック制御系とすることが行われる．このときアクチュエータは省略して設計するが，設計後の評価をアクチュエータを追加して行うと，オブザーバ付きの状態フィードバック制御系は，アクチュエータ追加により大きく劣化する可能性がある．

これに対して，KMAPゲイン最適化法では，"出力フィードバック"（被制御系の状態変数全てを用いない方法）によってゲイン最適化を行うことができるのでオブザーバは不要であり，制御設計法として柔軟性のある方法である．

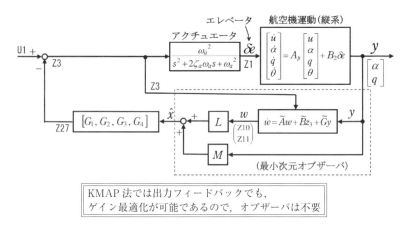

図1.4(b) オブザーバを用いた状態フィードバック制御系の例

(3) 時間遅れを考慮して設計できる

被制御系には,通常のダイナミクスの他に種々の非線形要素が存在するが,特に飛行制御系においては**時間遅れ**が少なからず影響を与える.操縦系統の遅れ,コンピュータ演算遅れ,舵面操作時の空力遅れなどである.100 ms程度の時間遅れがあるものとして設計するとよいようである.シミュレーション解析においては,そのまま時間遅れとしてモデル化すればよいが,線形解析においては,(1.4-1)式のように,**パデ近似**でモデル化すればよい.

$$e^{-T_D s} \fallingdotseq \frac{1-\dfrac{T_D}{2}s}{1+\dfrac{T_D}{2}s} \tag{1.4-1}$$

KMAPゲイン最適化法では,時間遅れを模擬する関数が用意されているので,制御則の中にその関数を呼び出すことで,線形解析はもちろん,シミュレーション解析においても時間遅れ要素が自動的に反映される.従って,シミュレーション解析での設定ミスなどは発生しない.

(4) 制御則のゲインだけでなくフィルタの時定数も最適化できる

制御則内には,図1.4(c)に示すように,フィードバックゲインをはじめ,フィルタの時定数,減衰比,周波数など種々のデータがある.KMAPゲイン

最適化法では，これらの各種データを最適化対象にして制御設計を行うことができる．

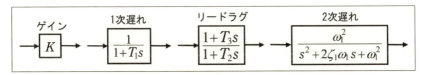

図1.4(c)　制御則内のゲインやフィルタ例

（5）　ロバスト安定問題においても保守的でない解が得られる

図1.4(d) に示す**乗法的誤差**のある制御系を考える[40]．

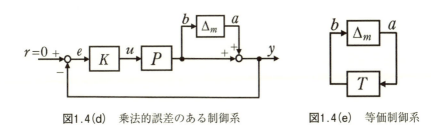

図1.4(d)　乗法的誤差のある制御系　　　　図1.4(e)　等価制御系

図1.4(d) から，次の関係式が得られる．
$$b = -PK(a+b), \quad \therefore (I+PK)b = -PKa$$
$$\therefore b = (I+PK)^{-1}PKa = -PK(I+PK)^{-1}a = -Ta \quad (1.4\text{-}2)$$
ここで，
$$T = PK(I+PK)^{-1} \quad (1.4\text{-}3)$$
は**相補感度関数**といわれる．従って，図1.4(d) の制御系は，図1.4(e) のように書き換えることができる．

　H_∞制御では，このフィードバック制御系の**一巡伝達関数** $\Delta_m T$ の **H_∞ノルム**が次式を満足するようにフィードバックゲインを求めることでロバスト安定の制御系を得る（図1.4(f)）．
$$\|\Delta_m T\|_\infty < 1 \quad (1.4\text{-}4)$$
なお，実際には誤差モデル Δ_m は未知であるが上限はわかっているとして，

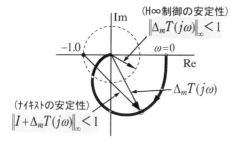

図1.4(f) ナイキストの安定判別（1入力系によるイメージ）

全ての周波数において Δ_m の大きさの上限を表す既知の関数 $W_2(j\omega)$ を Δ_m の替わりとして用いる．

いずれにしても H_∞ 制御では，図1.4(f) の安定判別のイメージに示したように，(1.4-4)式によって安定判別をすることは，得られる解の範囲が半径1の円の内部に限られるため，保守的になることがわかる．

これに対して，KMAPゲイン最適化法では，図1.4(d) の制御系から直接的に極を求めて安定判別をするので，安定かどうかを正確に求めることができる．

（6） 外乱に対して低感度な制御系が簡単に得られる

図1.4(g) に示す外乱 w のある制御系を考える[40]．

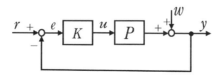

図1.4(g) 外乱のある制御系

図1.4(g) から，外乱 w から出力 y の関係式が次のように得られる．

$$y = PK(-y) + w, \quad \therefore (I+PK)y = w$$

$$\therefore y = (I+PK)^{-1}w = Sy \tag{1.4-5}$$

ここで，

$$S = (I+PK)^{-1} \tag{1.4-6}$$

は**感度関数**といわれる．

H_∞ 制御では，外乱低減のための重み関数 $W_1(j\omega)$ を用いて，次式を満足するフィードバックゲインを求める．

$$\|W_1 S\|_\infty < 1 \tag{1.4-7}$$

これに対して，KMAPゲイン最適化法では，外乱 w に対する応答 y の伝達関数からゲイン（これは H_∞ ノルムに等しい）を何 dB 以下という要求を満足するように直接フィードバックゲインを決定することができるので簡単である．

（7） 混合感度問題が多目的制御設計として簡単にできる

上記(5)の「ロバスト安定問題」および(6)の「外乱に対する低感度化問題」の両方を同時に満足する，いわゆる"**混合感度問題**"が，KMAPゲイン最適化による多目的制御設計法として簡単に解くことができる．

（8） 安定余裕要求を満足する制御系が簡単に設計できる

航空機では，飛行制御系の設計基準で，安定余裕量としてゲイン余裕6 dB以上，位相余裕45°以上，各コントロール舵面系統において満足するよう規定されている（図1.4(h)）．これは，これまで長年に亘る開発経験に基づいて蓄積された安全設計のノウハウであり，今後もこの規定をクリアすることが求められる．

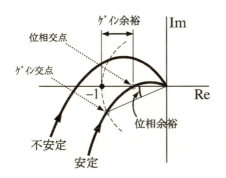

図1.4(h)　安定余裕の評価

この問題に対しても，KMAPゲイン最適化による多目的制御設計法として簡単に解くことができる．

(9) 極の実部領域を指定した制御系が簡単に設計できる

極の実部が原点に近いと，制御系の応答時間が遅くなる．そこで，図1.4(i)に示すように，極の実部をある値以下に指定してKMAPゲイン最適化を行うと良好な応答性を得ることができる．なお，図1.4(i)の「振動極を極力左45°ライン上に配置して安定化」を同時に行うことで，振動極の安定性とともに応答性も良好な特性が得られる．

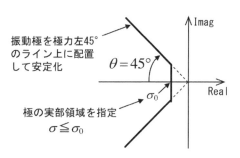

図1.4(i)　極の実部領域を指定

(10) 極位置を指定した制御系が簡単に設計できる

現代制御理論には，極を指定して制御系を設計する理論がある．この場合，全ての状態変数をフィードバック（状態フィードバック）する必要がある．これに対して，KMAPゲイン最適化法では，それらの制約はなく，図1.4(j)に示すように，アクチュエータ極などは除いて被制御系の極位置のみを指定して

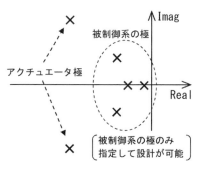

図1.4(j)　極位置を指定

設計することが可能である.

(11) コントロール舵角量を制限した制御系が簡単に設計できる

飛行機の場合, パイロットの操縦入力は状況に応じて非常に変化する. このため, 場合によってはコントロール舵角量が想定値以上になり, 操縦特性が悪化する可能性がある. そこで, パイロットに対してコントロール舵角量を予め制限して制御系を設計しておけば安全である.

この問題に対しても, KMAPゲイン最適化による多目的制御設計法として簡単に解くことができる.

(12) 制御則内ゲイン等の中で最適化するものを選択できる

これについては既に述べたが, 制御則内にあるフィードバックゲインやフィルタの時定数等の中で, ゲイン最適化するものと指定値のままにしておくものを自由に選択できるので便利である. 例えば, コマンド入力と制御量との差分(誤差)にかかるゲインは比較的大きくしておいて, それ以外のゲイン等を最適化していくなどである. これにより, コマンド入力に対する応答の追従度を増すことができる.

(13) 非線形最適化問題が簡単に解ける

2点境界値問題に代表される非線形最適化問題は非常に難しい問題の1つである. ここでは, 一例として2輪車両の車庫入れ問題について, KMAPゲイン最適化法を用いると簡単に解けることを紹介しておこう. これは, 車両の位置と車両姿勢の初期条件と終端条件を指定した2点境界値問題である.

図1.4(k) に示すように,「2輪車両の中点における速度ベクトルの大きさvと角速度ωを制御することにより, 到着点位置に車庫入れせよ」という問題である. 到着点においては, 速度の大きさと方向はいずれも0になる必要がある. 領域制限のない場合と有る場合について,

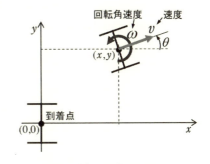

図1.4(k)　車庫入れ問題

KMAPゲイン最適化法で解いた結果を下記に示す.

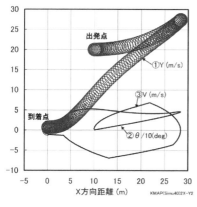

図1.4(ℓ)　領域制限なし

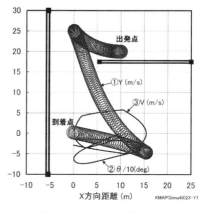

図1.4(m)　領域制限有り

(14)　非線形システムを安定化する制御系が簡単に設計できる

非線形なダイナミクスを持つシステムを安定化するフィードバック制御系を設計することは非常に難しい．それは，線形システムの場合のように設計方法が確立されていないことによる．このような問題に対しても，KMAPゲイン最適化法を用いると簡単に制御系が設計できる例を紹介しておこう．

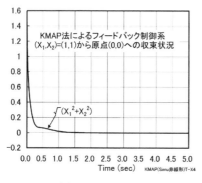

図1.4(n)　タイムヒストリー

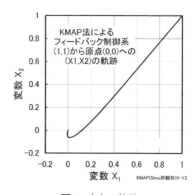

図1.4(p)　軌跡

1.4 KMAPゲイン最適化法ができる事(まとめ) 15

(1.4-8)式の非線形システムを，状態変数 $(x_1, x_2) = (1, 1)$ から原点 $(0, 0)$ に収束させる制御則として (1.4-9)式が得られる.

$$\dot{x}_1 = 3x_2 + x_2{}^3 + u, \quad \dot{x}_2 = x_1 + u \tag{1.4-8}$$

$$u = -7.48x_1 - 1.60x_2 - 2.24x_1{}^3 - 5.46x_1{}^2 x_2 - 2.75x_1 x_2{}^2 - 3.73x_2{}^3 \tag{1.4-9}$$

この制御則による結果を図1.4(n) および図1.4(p) に示す.

(15) 線形解析とシミュレーション解析が同時にできる

KMAP ゲイン最適化法では，インプットデータとして制御則の構造を入力する必要がある．これによって制御系データ設定が完了すると，制御系設計を開始することができる．その結果，フィードバックゲイン等が決定されるが，このときに非線形シミュレーション解析（航空機では非線形6自由度運動方程式の解析）も同時に実行される.

通常，制御系設計ツールと非線形シミュレーション解析ツールは別々に作成している．KMAP ゲイン最適化法は，これらの作業が一体化しており，設計／評価サイクルを効率的に実施できることで実用的な設計解析ツールとなっている.

第2章　KMAP法による制御系の基本構造表現

　システムがダイナミクスをもつとき，その挙動は時間空間上の微分方程式で表すことができる．このシステムの挙動を解析する場合，次の2つの方法がある．1つは，そのまま時間空間において微分方程式を解いて解析式を求める方法である．この方法は，微分方程式が容易に解ける場合はよいが，システムが複雑になると解析解を求めることは難しくなる．もう1つは，微分方程式を**ラプラス変換**[*1)]して，入力に対する出力の関係をラプラスのsの関数である**伝達関数**[*1)]で表し，ラプラス空間上で直接システムの特性を解析する方法である．この方法では，システムが複雑になっても，伝達関数を適切に接続することによって対処できる，なお，システムの特性が伝達関数で表されているのに，ラプラス逆変換によって時間空間上の解析式に戻す方法を説明している教科書も見受けられるが，これは微分方程式を時間空間で解く方法と同じく，複雑なシステムには対応が難しい．解析式によって，ある時刻でのシステムの挙動の値を知りたいのであれば，微分方程式から直接シミュレーションすればよい．また時間応答を眺めていてもなぜそのような特性になっているのかを理解するのは難しい．これに対して，ラプラス空間上のsの関数のまま解析する方法は，制御性能を定量的に把握できるので便利である．

　さて，本章ではKMAPゲイン最適化法の説明の前段階として，KMAPゲイン最適化法を用いる際に制御系の基本構造を表現する方法について述べる．

---

*1) ラプラス変換と伝達関数については付録A参照.

2.1 伝達関数は古典制御で古い？

入力 $u(t)$ に対する出力 $x(t)$ の関係式が時間空間上の微分方程式で表される制御系に対して，それをラプラス変換した形で入力 $U(s)$ に対する出力 $X(s)$ として，ラプラスの s の関数である伝達関数で表すことができることを述べた．いま伝達関数を $G(s)$ と書くと，この s の関数のことを**フィルタ**とも呼ぶ．

$$G(s) = \frac{X(s)}{U(s)} \tag{2.1-1}$$

図2.1(a) に，時間空間とラプラス空間との関係を示す．

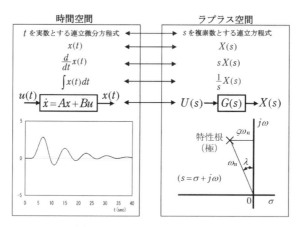

図2.1(a)　時間空間とラプラス変換の関係

システムが安定であるためには，図2.1(b) に示すように全ての極（×印）が左半面にあることが必要である．また，複素数の極（振動根）の場合には，角度 λ が大きいほど減衰がよく，虚数部の値が大きいほど速い応答となる．現代制御理論の教科書の中には，「伝達関数を基本とする古典制御は多入力多出力系の制御問題には取り扱いが困難である」，と説明しているものもある．しかしこれは，複雑な制御系を高次の伝達関数のまま解析しようとした場合の問題点である．KMAP 法では，この点を避けるために，次のような工夫をしている．

$$s = \sigma_1 \pm j\omega_1 \quad : 複素極$$
$$\omega_n = \sqrt{\sigma_1^2 + \omega_1^2} \quad : 固有角振動数\ (\mathrm{rad/s})$$
$$\omega_1 = \omega_n\sqrt{1-\zeta^2} \quad : 減衰固有角振動数\ (\mathrm{rad/s})$$
$$\zeta = \sin\lambda = \frac{-\sigma_1/\omega_1}{\sqrt{1+(\sigma_1/\omega_1)^2}} \quad : 減衰比$$
$$P = \frac{2\pi}{\omega_1} \quad : 周期\ (\mathrm{sec})$$

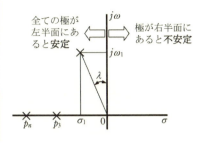

図2.1(b) 極の配置と安定性

制御系ブロック図をわかりやすく表現するために，後述するように，伝達関数の基本要素を利用する．ただし，被制御系のダイナミクスは，伝達関数表現でもよいし，**状態空間表現**（時間空間の微分方程式をベクトルと行列を用いて表現）でもよい．次に，制御系を解析する際には，伝達関数で表現された制御則と被制御系ダイナミクスとを合体して，拡大系の状態空間表現に変換する．これによってKMAP法では，制御系ブロック図はわかりやすいものとなり，しかも制御系の解析は現代制御理論における状態空間表現での解析を行う．すなわち，制御系ブロック図では，制御則はわかりやすい伝達関数で表現し，解析は現代制御理論的に行う，いわゆる"**いいとこ取り**"の**制御系解析ツール**となっている．

2.2 制御系の基本構造表現

伝達関数の分母および分子は，一般的には次のようなsの高次方程式で表される．

$$G(s) = \frac{b_0 s^m + b_1 s^{m-1} + \cdots + b_m}{s^n + a_1 s^{n-1} + \cdots + a_n} \tag{2.2-1}$$

この式の分母＝0の式は**特性方程式**といわれる．いまそのn個の解を$s = p_1, \cdots, p_n$とすると，このsは**極**または**特性根**といわれる．一方，上式の分子＝0のm個の解を$s = q_1, \cdots, q_m$とすると，このsは**零点**といわれる．このとき，上式は極および零点を用いて次のように表される．

$$G(s) = \frac{b_0(s-q_1) \times (s-q_2) \times \cdots \times (s-q_m)}{(s-p_1) \times (s-p_2) \times \cdots \times (s-p_n)} \qquad (2.2\text{-}2)$$

すなわち，伝達関数で表されるシステムの特性は，ラプラス平面上の**極・零点配置**によって決定される．極はシステムの固有の特性を決め，零点は入力に対する応答特性を決めるものである．

制御系の特性は，その伝達関数を解析すればよいことがわかったが，次にこの伝達関数を解析する方法について考える．

いま，(2.2-2)式の伝達関数 $G(s)$ の分母と分子は次のように変形することができる．ただし，伝達関数はプロパー（$m < n$）であると仮定する．

$$G(s) = b_0 \frac{s-q_1}{s-p_1} \times \frac{s-q_2}{s-p_2} \times \cdots \times \frac{s-q_m}{s-p_m} \times \frac{1}{s-p_{m+1}} \times \cdots \times \frac{1}{s-p_n} \qquad (2.2\text{-}3)$$

この (2.2-3)式右辺の各フィルタは，扱いやすいように標準形に変形すると，伝達関数は一般的に次のようにあらわすことができる．

$$G(s) = \frac{b_0 s^m + b_1 s^{m-1} + \cdots + b_m}{s^n + a_1 s^{n-1} + \cdots + a_n}$$

$$= K \times \frac{1}{s} \times \frac{1}{1+T_1 s} \times \frac{T_2 s}{1+T_2 s} \times \frac{1+T_3' s}{1+T_3 s} \times \frac{\omega_1^2}{s^2 + 2\zeta_1 \omega_1 s + \omega_1^2} \times$$

$$\frac{s}{s^2 + 2\zeta_2 \omega_2 s + \omega_2^2} \times \frac{s^2 + 2\zeta_3' \omega_3' s + \omega_3'^2}{s^2 + 2\zeta_3 \omega_3 s + \omega_3^2} \times \cdots \qquad (2.2\text{-}4)$$

すなわち，伝達関数は一般的に表2.2(a) に示す**伝達関数の基本要素**のかけ算で表すことができる．この伝達関数は，制御系全体の特性だけでなく，制御則においても基本要素のかけ算で表すことができる．

2.2 制御系の基本構造表現

表2.2(a)　伝達関数の基本要素

基本要素	伝達関数
積分	$\dfrac{1}{s}$
1次遅れ形（1次遅れフィルタ）	$\dfrac{1}{1+Ts}$
ハイパスフィルタ	$\dfrac{Ts}{1+Ts}$
リードラグフィルタ	$\dfrac{1+T_2s}{1+T_1s}$
2次遅れ形（2次遅れフィルタ）	$\dfrac{\omega^2}{s^2+2\zeta\omega s+\omega^2}$
1次／2次形	$\dfrac{s}{s^2+2\zeta\omega s+\omega^2}$
2次／2次形（ノッチフィルタ）	$\dfrac{s^2+2\zeta_2\omega_2 s+\omega_2^2}{s^2+2\zeta_1\omega_1 s+\omega_1^2}$

この表で，Tは**時定数**（秒），ζは**減衰比**（無次元），ωは**固有振動数**（rad/s）である．この基本要素フィルタはどのような特性なのかをみるために，参考までにステップ応答を図2.2(a)に示す．

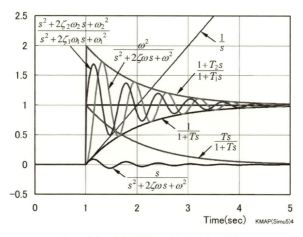

図2.2(a)　伝達関数の基本要素の特性

さて，一般の制御系は表2.2(a) に示す伝達関数の基本要素のかけ算で表されることから，制御系を構成する各基本要素の入出力にZ変数を割り当て，制御系全体の入力から出力までをZ変数でつなぐことで制御系を表すことができる．このKMAPゲイン最適化法によって制御系を構成すると，複雑な制御系も簡単に作ることができる．図2.2(b) は，KMAPゲイン最適化法による伝達関数表現の一例である．

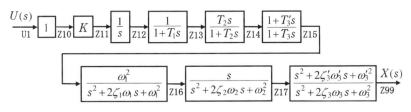

図2.2(b)　KMAP法による伝達関数表現例

フィードバックがある場合も，そのZ変数を引き算するだけで簡単にフィードバック制御系を構成できる．具体例を図2.2(c) に示す．

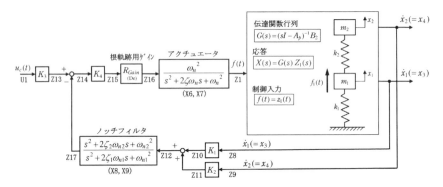

図2.2(c)　フィードバックがある場合のKMAP法表現例

2.3 航空機の運動変数について（参考）

第4章以降の例題は，航空機運動を取り上げているので，参考のため図2.3(a) および図2.3(b) に航空機の運動変数を示す．

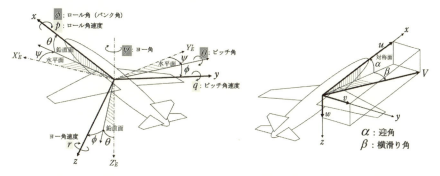

図2.3(a) 航空機の運動変数(1) **図2.3(b)** 航空機の運動変数(2)

第3章　制御系の特性について

　システムの特性は極・零点によって決まる．いま，ある特性が目標値を満足しない場合，フィードバックによって特性を改善することになるが，このとき，過剰なフィードバックは特性を悪化させることがあることに注意する必要がある．それは，フィードバックによって全ての極が移動するが，目標値が満足していなかった特性が改善しても，他の極が移動したことによって，別の特性が悪化する可能性があるからである．このような背景から，制御系の基本である極の動きをしっかり捉えることが重要である．本章ではそのための基礎的事項について述べる．

3.1　伝達関数の周波数特性

　ラプラス変換された状態変数を $X(s)$，入力を $U(s)$，その伝達関数を $G(s)$ とすると次式で表される．
$$X(s) = G(s) \cdot U(s) \tag{3.1-1}$$
　一方，いま時間空間における入力 $u(t)$ を次式
$$u(t) = Ae^{j\omega t} = A(\cos \omega t + j \sin \omega t) \tag{3.1-2}$$
とすると，十分時間が経過して定常状態のときの応答 $x(t)$ は次式で与えられる．
$$x(t) = G(j\omega) \cdot Ae^{j\omega t} \tag{3.1-3}$$
　すなわち，周期関数入力 $Ae^{j\omega t}$ を与えたとき，(3.1-1)式で表される応答 $X(s)$ の時間応答 $x(t)$ は，伝達関数 $G(s)$ において $s = j\omega$ とおいた $G(j\omega)$ に入力 $Ae^{j\omega t}$ を掛けたものとなる．この $G(j\omega)$ は**周波数伝達関数**または**周波数応答関数**と呼ばれる．入力の振幅 $A = 1$ とし，周波数伝達関数 $G(j\omega)$ を

$$G(j\omega) = re^{j\phi} \tag{3.1-4}$$

とおくと，$r(=|G(j\omega)|)$ は**ゲイン**（応答の大きさ），ϕ は**位相**である．

実際の応答は（3.1-3）式から

$$\begin{aligned} x(t) &= G(j\omega) \cdot (\cos\omega t + j\sin\omega t) = re^{j\phi} \cdot e^{j\omega t} = re^{j(\omega t+\phi)} \\ &= r\cos(\omega t + \phi) + jr\sin(\omega t + \phi) \end{aligned} \tag{3.1-5}$$

と表される．この関係式は時間空間とラプラス空間をつなぐ非常に便利な式である．すなわち，ラプラス空間上の伝達関数が得られると，時間空間に逆変換しなくても時間応答の特性を把握することが可能となる．この関係を図3.1(a) に示す．

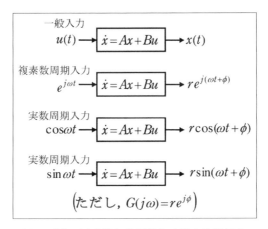

図3.1(a) 周波数伝達関数と時間応答関係式

図3.1(a) の関係式から，各周波数 ω に対して周波数伝達関数 $G(j\omega)$ のゲインと位相をプロットした図を描いておくと，制御系の時間応答量を簡単に把握できて便利である．この図は**ボード線図**と呼ばれる．ボード線図の例を図3.1(b) に示す．

ボード線図におけるゲインおよび位相の単位は次が使用される．

　　ゲイン（Gain）：$20\log|G(j\omega)| = 20\log r$ ［dB（デシベル）］

　　位相（Phase）：$\angle G(j\omega) = \phi$ ［deg］

ボード線図で，ゲインが最大となる周波数を**共振周波数**（ω_p）といい，そのときの定常値ゲインからのゲイン増大量を**共振値**（M_p）という．また，定常

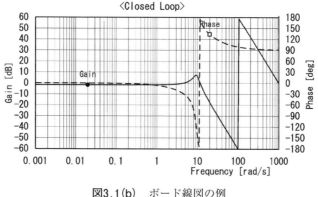

図3.1(b) ボード線図の例

値ゲインから3dB下がるまでの周波数範囲を**バンド幅**（ω_b）という.

3.2　フィードバック制御系は必ず不安定になるので注意

　図3.2(a)に示すような入力uに対する出力xの関係をラプラス変換してsの関数で表したものを伝達関数というが，この伝達関数の分母＝0を解いたsの値は**極**または**特性根**といわれる．なお，本書では便宜上，時間関数$u(t)$をラプラス変換した関数も小文字のまま$u(s)$と表現する．これは，例えば航空機の場合には運動変数のピッチ角をθで表すが，ラプラス変換した運動方程式においてもそのままθとして表現した方がわかりやすいためである．

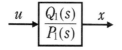

図3.2(a) 伝達関数

　いま，図3.2(a)の伝達関数を$G(s)$として，この極が次のようであるとする．

$$s = \sigma_1 \pm j\omega_1,\ p_1,\ p_2 \tag{3.2-1}$$

このとき，伝達関数は次のように表される．

$$G(s)=\frac{Q_1(s)}{P_1(s)}=\frac{Q_1(s)}{(s-\sigma_1-j\omega_1)(s-\sigma_1+j\omega_1)(s-p_1)(s-p_2)} \quad (3.2\text{-}2)$$

この伝達関数をラプラス逆変換すると，次のような時間 t の関数となる．

$$g(t) = 2re^{\sigma_1 t}\cdot\cos(\omega_1 t+\phi) + k_1 e^{p_1 t} + k_2 e^{p_2 t} \quad (3.2\text{-}3)$$

ここで，r，ϕ，k_1 および k_2 は実数である．この式から，σ_1，p_1 および p_2 が全て負の値のときにこのシステムが安定となることがわかる．すなわち，図3.2(b) に示すように，制御系が安定となるためには，全ての極がラプラス平面上の左半面にある必要がある．

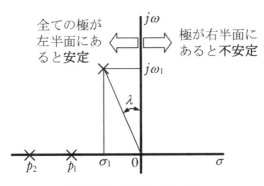

図3.2(b)　安定なシステム

図3.2(b) において，原点から複素極に引いた直線の角度を λ とすると，振動モードの減衰比は $\zeta=\sin\lambda$ で表される．すなわち，角度 λ が小さい場合には振動モードは安定が悪く改善が必要となる．このとき，図3.2(c) に示すように，入力 u に対する被制御系の応答 x に伝達関数をかけて入力 u に戻すと，安定を改善することができる．このシステムは**フィードバック制御系**といわれ

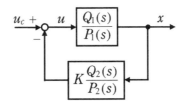

図3.2(c)　フィードバック制御系

る．フィードバックを行ったときの入力 u_c に対する応答 x の関係式を**閉ループ（クローズド）伝達関数**という．

図3.2(c) のある点（例えば u）で切り離して，その入力から出力までフィードバックループを一巡して全ての関数を掛け合わせたものを**一巡伝達関数**という．図3.2(c) では次式で表される．

$$\text{一巡伝達関数：} W(s) = K\frac{Q_1}{P_1}\cdot\frac{Q_2}{P_2} \tag{3.2-4}$$

これは**開ループ（オープンループ）伝達関数**ともいわれる．

さて，フィードバック制御系において，閉ループ伝達関数は次のようにして得られる．

> **閉ループ伝達関数：**
> **分子＝フィードバックを切った場合の伝達関数** (3.2-5)
> **分母＝$1 + W(s)$**

これから，図3.2(c) の閉ループ伝達関数は次式で表される．

$$\frac{x}{u_c} = \frac{Q_1/P_1}{1 + K\big(Q_1/P_1\big)\big(Q_2/P_2\big)} = \frac{Q_1 P_2}{P_1 P_2 + K Q_1 Q_2} \tag{3.2-6}$$

従って，このフィードバック制御系の極（特性根）は

$$P_1 P_2 + K Q_1 Q_2 = 0 \tag{3.2-7}$$

を s について解くことによって得られる．

一方，フィードバック制御系の零点は，(3.2-6)式の分子

$$Q_1 P_2 = 0 \tag{3.2-8}$$

から直ちに得られる．すなわち，零点はフィードバック前の零点（$Q_1 = 0$）と，フィードバックループの極（$P_2 = 0$）で構成される．

フィードバック制御系の閉ループ伝達関数の極は，(3.2-7)式からフィードバックゲイン K が零のときは一巡伝達関数の極（$P_1 P_2 = 0$）であり，フィードバックゲイン K が無限大のときは一巡伝達関数の零点（$Q_1 Q_2 = 0$）である．すなわち，フィードバックゲイン K を零から無限大まで変化させると，閉ループ伝達関数の極は一巡伝達関数の極から出発し，一巡伝達関数の零点に到達す

ることがわかる．このときの極の軌跡を**根軌跡**という．根軌跡が描けると，ゲインを増やした場合に閉ループ制御系の極がどのように動き，システムが安定かどうかを知ることができる．

　根軌跡は極から零点に移動するが，一巡伝達関数の**極・零点の次数差**（極の数を n，零点の数を m とすると次数差は $n-m$）の数だけの根軌跡は無限遠に移動する．この無限遠に移動する漸近線の方向 ϕ は次式で与えられる．

$$\phi = \frac{\pi}{n-m} = 60°, \quad [次数差(n-m)=3 の場合] \tag{3.2-9}$$

次数差 $(n-m)$ が3では ϕ は60°である．すなわち，次数差 $(n-m)$ が3以上になると ϕ は90°以下となる．一般的な制御系の次数差は3以上であるから，フィードバックゲインを上げていくと根軌跡は，図3.2(d) のように右半面に入り込み，制御系は不安定となる．

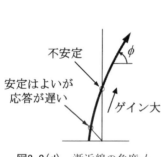 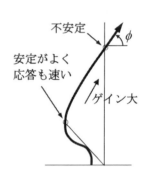

図3.2(d)　漸近線の角度 ϕ　　　図3.2(e)　根軌跡の安定化

　一般的な制御系の次数差とは次のようなもので生じる．制御対象の動特性が2次以上であり，これを2次の動特性を持つアクチュエータを用いてフィードバック制御を行うと，一巡伝達関数の次数差はほとんど3以上になる．従って，フィードバックゲインをあげていくと図3.2(d) のように必ず不安定になるわけである．それでは，安定なフィードバック制御系はどのように設計したらよいのであろうか．それは，図3.2(e) のように根軌跡が右半面に入るまでの軌跡を極力左側に一度移動させて，フィードバックゲインを適切な値にすることで実現される．

3.3 ナイキストの安定判別法

一巡伝達関数 $W(s)$ の極は右半面にはないとすると，ベクトル軌跡 $W(j\omega)$ を描く（これは**ナイキスト線図**と言われる）ことにより，フィードバック制御系（閉ループ制御系）が安定かどうかを次の簡略化された**ナイキストの安定判別法**により判定できる．

> $s = j\omega (\omega = 0 \sim \infty)$ と移動させたときにナイキスト線図 $W(j\omega)$ が -1.0 の点を左に見れば安定，右に見れば不安定である．

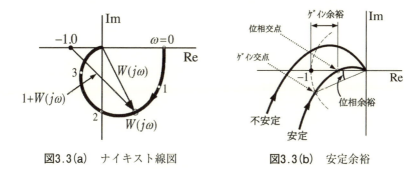

図3.3(a)　ナイキスト線図　　　図3.3(b)　安定余裕

フィードバック制御系が安定の場合には，簡略化されたナイキスト線図から次の二つの安定指標が定義できる．

> **ゲイン余裕（Gain Margin）**
>   ナイキスト線図の位相が $-180°$（**位相交点**）のとき，ゲインが1になるまでの余裕量（dB）
> **位相余裕（Phase Margin）**
>   ナイキスト線図のゲインが1（**ゲイン交点**）のとき，位相が $-180°$ になるまでの余裕量（deg）

3.4 一巡伝達関数のボード線図による安定判別

ナイキスト線図による安定判別の考え方を,一巡伝達関数 $W(j\omega)$ のベクトル軌跡の替わりに,ゲイン $20 \cdot \log|W(j\omega)|$ と位相 $\angle W(j\omega)$ を周波数 ω に対して描いたボード線図にすることにより,図3.4(a) に示すように,安定判別を行うことができる.

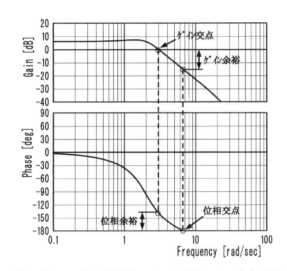

図3.4(a)　一巡伝達関数のボード線図による安定判別

3.5 時間応答特性

時間応答は,時間空間の微分方程式を直接時間積分することによって得られる.全ての初期状態が0の場合に,単位ステップの入力に対する応答は**単位ステップ応答**または**インデシャル応答**と呼ばれる.ステップ応答の特性を表すのに,一般的に次の量が用いられる.

3.5 時間応答特性

T_r（**立ち上がり時間**）（rise time）：定常値の0.1倍から0.9倍に達するまでの時間

T_d（**遅延時間**）（delay time）：定常値の0.5倍に達するまでの時間

T_p（**行き過ぎ時間**）（overshoot）：ピーク値となる時間

p_0（**行き過ぎ量**）（peak time）：ピーク値と定常値との差

T_s（**整定時間**）（settling time）：定常値の±2％または±5％の範囲になるまでの時間．

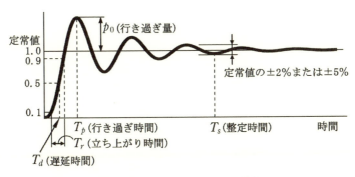

図3.5(a)　ステップ応答の特性量

制御系が2次遅れ要素の場合には，次のような関係がある．

行き過ぎ時間：$T_p = \dfrac{\pi}{\omega_n \sqrt{1-\zeta^2}}$ (3.5-1)

行き過ぎ量：$p_0 = e^{-\frac{\zeta\pi}{\sqrt{1-\zeta^2}}}$ (3.5-2)

整定時間：$T_s \fallingdotseq \dfrac{4}{\zeta\omega_n}$（±2％の場合），$\fallingdotseq \dfrac{3}{\zeta\omega_n}$（±5％の場合） (3.5-3)

第4章　KMAP ゲイン最適化による安定化制御設計

　本章では，フィードバックゲインや各種フィルタ（伝達関数）からなる制御
系が，安定となるようにゲインやフィルタの時定数を最適化することで制御系
設計を行う方法について述べる．この設計手法は，次のように2段階で行う．

　まず，第2章で述べた KMAP 法によって，制御系の各要素の入出力に Z 番
号を与えて，それらを接続することでフィードバック制御系を構成する．この
方法を用いると，多入力多出力の複雑な制御系を簡単な操作で構成することが
できる．

　次に，制御系内のゲインやフィルタの時定数を，乱数を用いて組み合わせを
設定して，制御系の極を計算する．それを用いて，(4.1)式の評価関数を最小
とする組み合わせを最適解とする．これが "KMAP ゲイン最適化" の方法で
ある．最適化の評価関数 J は次式である．

$$J = \sum_{i=1}^{n} \left(\zeta_i - 0.7071 \right)^2 - 重み係数 \times \sqrt{\sigma_i^2 + \omega_i^2} \tag{4.1}$$

　ここで，ζ_i はラプラス平面の上半面の極の減衰比である．また，実数極の場
合は $\zeta_i = 1$ としている．式内の数字の0.7071は，左45°ライン上にある極の減
衰比である．この45°の傾きは変更することもできる．重み係数は，極位置を
なるべく原点から遠い位置にして応答を速めるためのものである．$\sigma_i + j\omega_i$ は
極位置を表すが，極が実軸上の場合は重み係数を1/10としている．なお，この
重みを考慮する範囲（rad/s）を入力するようにしている．範囲を限定するこ
とで，アクチュエータなどの遠い極が選択されてしまうことを避けるためであ
る．このようにして，フィードバック制御系の極をラプラス平面上の左45°ラ
イン上で原点から離れるような位置が選択される．

　KMAP ゲイン最適化法では，制御系内のゲインやフィルタの時定数を全て

選択する必要はない．例えば，ゲインは予め高めに設定して固定として，それ以外のゲインやフィルタの時定数を最適化していくことも可能であり，柔軟性のある設計法である．

以下，例題を通して本手法による設計方法を学ぶ．

【例題4.1】 ピッチ角制御系1の安定化

図4.1(a) は，比例，積分およびリードラグフィルタによる航空機のピッチ角制御系である．ゲイン K_1, K_2, a, リードラグ時定数 T_1, T_2 を適切に設定して，安定なピッチ角制御系を設計せよ．

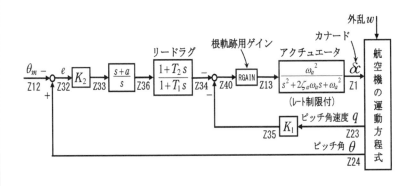

図4.1(a) 航空機のピッチ角制御系1

ここで用いる航空機は，静安定の不安定度が25% MAC[*1] の先尾翼機（10人乗り）である．主要諸元を表4.1(a)に，3面図を図4.1(b)に示す．

表4.1(a) 機体の主要諸元

機体重量（着陸）	6.45 (tf)
主翼面積	20.7 (m^2)
翼面荷重	312 (kgf/m^2)
平均翼弦	1.74 (m)
スパン	12.8 (m)
胴体長	14.0 (m)
カナード面翼（exp）	2.23 (m^2)
主翼カナード間距離	4.28 (m)
カナード容積比	0.265 (－)
全機空力中心	10.3 (% MAC)
重心	35.3 (% MAC)

図4.1(b) 機体3面図

[*1] MAC：Mean Aerodynamic Chord（平均空力翼弦）

第4章 KMAP ゲイン最適化による安定化制御設計

釣り合い飛行時のデータおよび空力係数は次のとおりである[37),56)].

```
............................(釣り合い飛行時のデータ)............................
S =0.20700E+02(m2)        CBAR =0.17366E+01(m)       Hp   =0.15000E+04(ft)
W =0.64542E+04(kgf)       qbarS=0.93156E+04(kgf)     ROU  =0.11952E+00(kgf・s2/m4)
V =0.86778E+02(m/s)       VKEAS=0.16500E+03(kt)      Iy   =0.56926E+04(kgf・m・s2)
θ =0.13543E+01(deg)       α    =0.13543E+01(deg)     CG   =0.35300E+02(%MAC)
CL=0.69295E+00(-)         CD   =0.65851E-01(-)       CDα  =0.73604E-02(1/deg)
(この CL,CD,CDα は初期釣合 G に必要な CL,CD,CDα です)
T =0.60550E+03(kgf)       δf   =0.20000E+02(deg)     δe   =0.41471E+01(deg)
縦安定中正点(neutral point)  hn   =(0.25-Cmα/CLα)    *100 =0.10304E+02(%MAC)
脚 ΔCD=0.20000E-01(-),                  スピードブレーキ ΔCD=0.40000E-01(-)
脚-UP, スピードブレーキクローズ,           初期フラップ角 δfpilot=0.20000E+02(deg)
(微係数推算用フラップ δf=0.20000E+02(deg))


(CG=25%)                  (CG=35.30%)                (プライムド有次元)
Cxu  =-0.164464E+00       Cxu  =-0.164464E+00        Xu   =-0.214674E-01
Cxα  = 0.473293E-02       Cxα  = 0.473293E-02        Xα   = 0.671372E-01
Czu  = 0.000000E+00       Czu  = 0.000000E+00        Zu'  =-0.149163E+00
CLα  = 0.109761E+00       CLα  = 0.109761E+00        Zα'  =-0.103050E+00
CLδe = 0.102336E-01       CLδe = 0.102336E-01        Ze'  =-0.955805E-01
CLδf = 0.247269E-01       CLδf = 0.247269E-01        Zδf' =-0.230946E+00
Cmu  = 0.000000E+00       Cmu  = 0.000000E+00        Mu'  = 0.000000E+00
Cmα  = 0.161304E-01       Cmα1 = 0.274359E-01        Mα'  = 0.446750E+01
Cmδe = 0.288665E-01       Cmδe1= 0.288665E-01        Mδe' = 0.470046E+01
Cmδf =-0.785335E-02       Cmδf1=-0.785335E-02        Mδf' =-0.127879E+01
Cmq  =-0.129149E+02       Cmq  =-0.129149E+02        Mq'  =-0.367226E+00
CmαD = 0.000000E+00       CmαD = 0.000000E+00        Mθ'  = 0.000000E+00
(Mu  = 0.000000E+00)      (Mα  = 0.446750E+01)       (Mδe = 0.470046E+01)
(Mδf =-0.127879E+01)      (Mq  =-0.367226E+00)       (MαD = 0.000000E+00)
```

機体固有のカナード舵角 δc に対するピッチ角 θ の極・零点を図4.1(c) に示す.右反面 $s=1.45$ に不安定極があるが,これは静安定の不安定度が25% MAC であるためである.

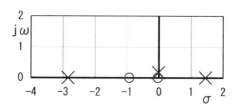

図4.1(c)　機体固有の $\theta/\delta c$ の極・零点

この不安定な先尾翼機に対して,図4.1(a) に示したピッチ角制御系を設計

する．ここで，決めるべきゲインおよび時定数は K_1, K_2, a, T_1, T_2 の5個である．

ここでは，制御系の考慮事項と設計目的として次を考える．

考慮事項	①	アクチュエータを考慮
設計目的	①	振動極を極力左45°ライン上に配置して安定化

この設計目的を KMAP ゲイン最適化によって実現する．評価関数は（4.1）式である．その結果，ゲインおよび時定数が次のように得られる．

$$K_1 = 0.754, \quad K_2 = 0.548, \quad a = 0.102, \quad T_1 = 0.498, \quad T_1 = 2.42$$

図4.1(d) は，探索時の極の状況である．図中の●の点が最適な極位置を表す．探索された最適ゲインを用いて，根軌跡を表示すると図4.1(e) のようになる．$s = 1.45$ にあった不安定極が安化されている（小さな○印）ことがわかる．なお，小さな□印はゲインを2倍にした場合であるが，十分安定であることがわかる．図4.1(f) は，コマンドに対するピッチ角の極・零点である．振動極が左45°のライン上に配置されて安定化しており，**設計目的①が実現されている**ことがわかる．

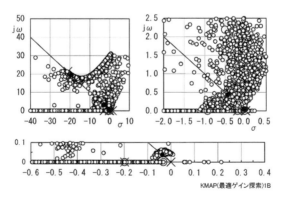

図4.1(d)　最適ゲイン探索結果
（CDES.多目的飛行制御7.Y170910.DAT）

第4章 KMAPゲイン最適化による安定化制御設計

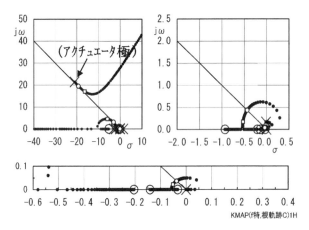

図4.1(e)　δ_C ラインの根軌跡

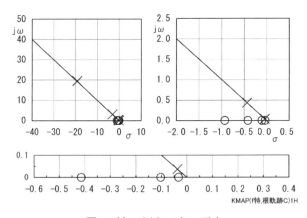

図4.1(f)　θ/θ_m の極・零点

図4.1(g) は，機体下方からの外乱 w に対するピッチ角の応答のゲインと位相である．伝達関数がスカラーであるので，このゲインは特異値に等しく，その最大値 H_∞ ノルムはこのケースでは $-13\mathrm{dB}$ となっている．

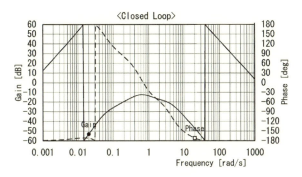

図4.1(g) 外乱特性 θ/w の周波数特性

図4.1(h) は，オープンループの周波数特性である．この先尾翼機は機体固有不安定であるので，オープンループの位相は $-180°$ を何度も横切る特性となっている（図4.1(e) 参照）．図4.1(h) の周波数特性から安定余裕をまとめると表4.1(a) のようになる．ここで，ゲイン余裕に関係する箇所は3つあり，この内，ゲイン余裕の1番目と2番目は安定のためにはゲインが0 (dB) 以上必要である箇所である．この制御系の安定余裕はゲイン余裕8.01dB，位相余裕51.0°である．

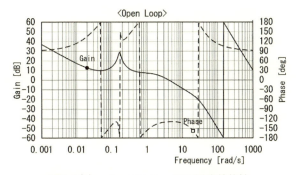

図4.1(h) オープンループの周波数特性

表4.1(a)　図4.1(i) の安定余裕のまとめ

周波数（rad/s）	ゲイン余裕（dB）	位相余裕（deg）
0.05	9.78	—
0.63	8.01	—
4.15	—	51.0
29.0	20.1	—

ゲイン余裕最小値 = 8.01(dB)，位相余裕最小値 = 51.0(deg)

図4.1(i) は，$t = 2 \sim 14$秒にピッチ角 + 2°コマンドを入れ，さらに$t = 20 \sim 25$秒に下から外乱20ktが入力された場合のシミュレーション結果である．安定は十分であるが，コマンドに対するピッチ角の追従があまり良くなく改善が必要である．また，外乱入力に対するピッチ角も3°以上変動している．これらの改善は第5章の多目的制御設計（例題5.1）において実施される．

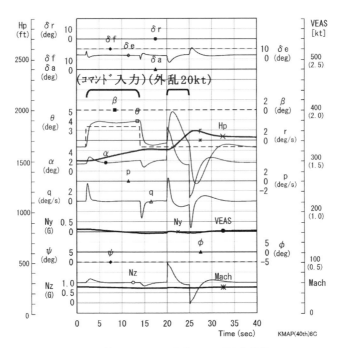

図4.1(i)　コマンド応答および外乱特性

インプットデータの制御則部を図にした KMAP 線図を図4.1(j) に示す.
この KMAP 線図は,インプットデータとして入力された情報を順番どおりに
ブロック図として描いたもので,これにより制御則の情報の流れにミスがない
かチェックできる.

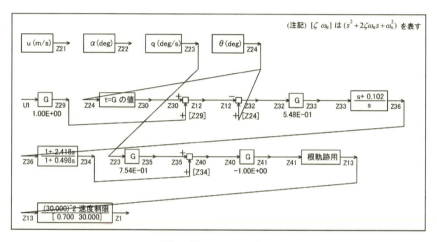

図4.1(j)　KMAP 線図

設計結果をまとめると,表4.1(b) のようになる.

表4.1(b)　設計結果まとめ

		内　容	例題4.1
考慮事項	①	アクチエータ考慮	○
設計目的	①	振動極を極力左45°ライン上に配置して安定化	○
制御性能	①	極の減衰比最小値 (ζ)	0.70
	②	ゲイン余裕	8 dB
	③	位相余裕	51°
	④	外乱応答 θ/wg	-13 dB

【例題4.2】 ロール角制御系1の安定化

図4.2(a)は，比例ゲインおよびリードラグフィルタによる航空機のロール角制御系1である．ゲイン G_p, G_ϕ, $K_{\dot\beta}$, K_β, リードラグ時定数 T_1, T_2 を適切に設定して，安定なロール角制御系を設計せよ．

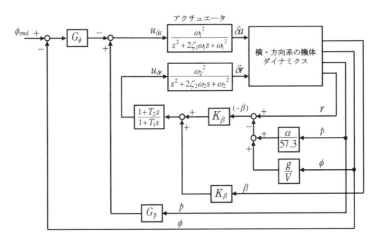

図4.2(a)　航空機のロール角制御系1

表4.2(a)　機体の主要諸元

機体重量（着陸）	6.45（tf）
主翼面積	20.7（m^2）
翼面荷重	312（kgf/m^2）
平均翼弦	1.74（m）
スパン	12.8（m）
胴体長	14.0（m）
垂直尾翼面翼	6.14（m^2）
主翼垂直尾翼間距離	4.34（m）
垂直尾翼容積比	0.740（－）
全機空力中心	10.3（% MAC）
重心	35.3（% MAC）

図4.2(b)　機体3面図

例題4.2 ロール角制御系1の安定化 45

　ここで用いる航空機は，例題4.1と同じ静安定の不安定度が25% MAC の先尾翼機（10人乗り）である．主要諸元を表4.2(a) に，３面図を図4.2(b) に示す．釣り合い飛行時のデータおよび空力係数は次のとおりである[37),56)]．

```
..........................(釣り合い飛行時のデータ)........................
S    =0.20700E+02(m2)      CBAR =0.17366E+01(m)    Hp =0.15000E+04(ft)
W    =0.64542E+04(kgf)     qbarS=0.93156E+04(kgf)  ROU=0.11952E+00(kgf・s2/m4)
V    =0.86778E+02(m/s)     VKEAS=0.16500E+03(kt)   b  =0.12800E+02(m)
Ix   =0.21149E+04(⇒)       Iz   =0.74171E+04(⇒)    Ixz=0.21149E+03(kgf・m・s2)
CL   =0.69295E+00(−)       α    =0.13543E+01(deg)  CG =0.35300E+02(%MAC)
(この CL は初期釣合 G に必要な CL です)
T    =0.60550E+03(kgf)     δf   =0.20000E+02(deg)  δe =0.41471E+01(deg)
CLα  =0.1098E+00(1/deg)    Cmα  =0.1613E-01(1/deg)
縦安定中正点(neutral point) hn =(0.25-Cmα/CLα)*  100=0.10304E+02(%MAC)
脚ΔCD=0.20000E-01(−)                   スピードブレーキΔCD=0.40000E-01(−)
脚-UP，スピードブレーキクローズ，   初期フラップ角δfpilot=0.20000E+02(deg)
(微係数推算用フラップδf=0.20000E+02(deg))


(CG=25%)                (CG=35.30%)               (プライムド有次元)
Cyβ =-0.161092E-01      Cyβ  =-0.161092E-01       Yβ'=-0.150458E+00
Cyδr= 0.288986E-02      Cyδr = 0.288986E-02       Yδr'= 0.269909E-01
Clβ =-0.320037E-02      Clβ  =-0.320037E-02       Lβ'=-0.102140E+02
Clδa=-0.119434E-02      Clδa =-0.119434E-02       Lδa'=-0.386783E+01
Clδr= 0.124579E-03      Clδr = 0.124579E-03       Lδr'= 0.292614E+00
Clp =-0.445226E+00      Clp  =-0.445226E+00       Lp'=-0.185235E+01
Clr = 0.222894E+00      Clr  = 0.222894E+00       Lr'= 0.908276E+00
Cnβ = 0.189995E-02      Cnβ1 = 0.167484E-02       Nβ'= 0.125157E+01
Cnδa= 0.177036E-04      Cnδa = 0.177036E-04       Nδa'=-0.939788E-01
Cnδr=-0.124195E-02      Cnδr1=-0.120157E-02       Nδr'=-0.109851E+01
Cnp = 0.358466E-01      Cnp  = 0.358466E-01       Np'=-0.103160E-01
Cnr =-0.178289E+00      Cnr  =-0.178289E+00       Nr'=-0.185490E+00
```

　この先尾翼機に対して，図4.2(a) に示したロール角制御系1を設計する．ここで，決めるべきゲインおよび時定数は，G_p，G_ϕ，$K_{\dot\beta}$，K_β，T_1，T_2の６個である．

　ここでは，制御系の考慮事項と設計目的として次を考える．

考慮事項	①	アクチュエータを考慮
設計目的	①	振動極を極力左45°ライン上に配置して安定化

　この設計目的を KMAP ゲイン最適化によって実現する．評価関数は（4.1）式である．その結果，ゲインおよび時定数が次のように得られる．

$$G_p=0.603,\quad G_\phi=1.842,\quad K_{\dot\beta}=7.50,\quad K_\beta=0.464,\quad T_1=3.66,\quad T_2=0.892$$

図4.2(d) は,探索時の極の状況である.図中の●の点が最適な極位置を表す.探索された最適ゲインを用いて,根軌跡を表示すると図4.2(e)および図4.2(f)のようになる.ゲイン1倍（小さな○印）はもちろん,ゲイン2倍（小さな□印）でも十分安定であることがわかる.

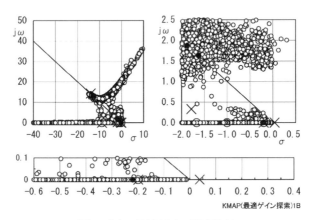

図4.2(d)　最適ゲイン探索結果
(CDES.多目的飛行制御.ロール角制御 B1.Y171002.DAT)

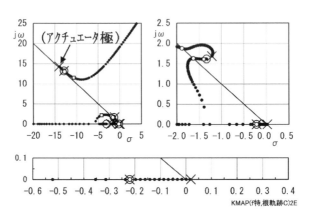

図4.2(e)　エルロン系の根軌跡

例題4.2 ロール角制御系1の安定化　　　47

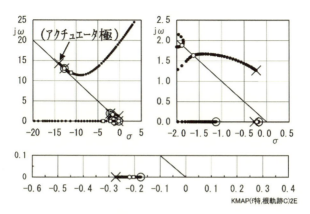

図4.2(f)　ラダー系の根軌跡

図4.2(g) は，コマンドに対するロール角の極・零点である．振動極が左45°のライン上に配置されて安定化しており，**設計目的①**が実現されていることがわかる．

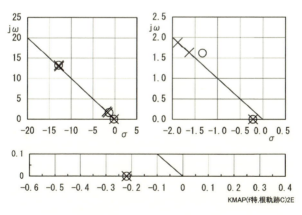

図4.2(g)　ϕ/ϕ_{cmd} の極・零点

図4.2(h) は，機体右横からの外乱 vg に対するロール角の応答のゲインと位相である．伝達関数がスカラーであるので，このゲインは特異値に等しく，その最大値 H_∞ ノルムはこのケースでは − 9 dB となっている．

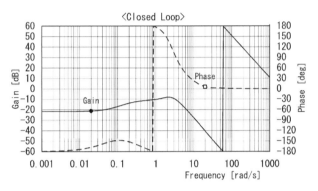

図4.2(h) 外乱特性 ϕ/vg の周波数特性

図4.2(i) および図4.2(j) は，エルロン系およびラダー系のオープンループの周波数特性である．これから，安定余裕量をまとめると表4.2(a) のようになる．エルロン系，ラダー系ともに十分な安定性を有することがわかる．

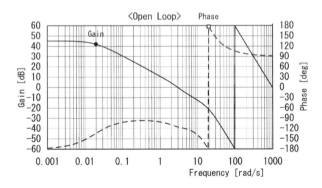

図4.2(i) エルロン系オープンループの周波数特性

例題4.2 ロール角制御系1の安定化

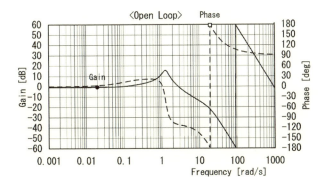

図4.2(j) ラダー系オープンループの周波数特性

表4.2(a) 安定余裕

	ゲイン余裕 (dB)	位相余裕 (deg)
エルロン系	21	64
ラダー系	22	69

図4.2(k) は，$t = 2 \sim 15$秒にロール角10°コマンドを入れ，さらに$t = 20 \sim 25$秒に右から外乱20ktが入力された場合のシミュレーション結果である．安定は十分であるが，外乱入力に対するロール角の応答の減衰がやや遅い特性となっている．

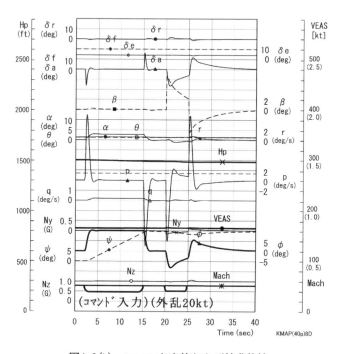

図4.2(k)　コマンド応答および外乱特性

例題4.2 ロール角制御系1の安定化　　51

　インプットデータの制御則部を設定した順番に図にしたものが，図4.2(ℓ)に示すKMAP線図である．これにより，インプットデータのミスをチェックすることができる．設計結果をまとめると表4.2(b) のようになる．

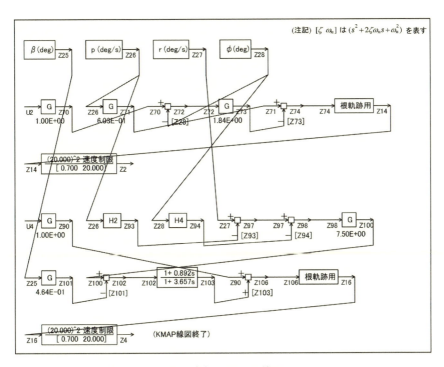

図4.2(ℓ) KMAP 線図

表4.2(b) 設計結果まとめ

		内　容	例題4.2
考慮事項	①	アクチエータ考慮	○
設計目的	①	振動極を極力左45°ライン上に配置して安定化	○
制御性能	①	極の減衰比最小値（ζ）	0.70
	②	ゲイン余裕（エルロン／ラダー）	21/22dB
	③	位相余裕（エルロン／ラダー）	64/69°
	④	外乱応答 ϕ/vg	－9 dB

【例題4.3】 ロール角制御系1（時間遅れ有）の安定化

図4.3(a)は，例題4.2のロール角制御系1に，エルロンおよびラダー系の時間遅れを追加した制御系である．ゲイン G_p, G_ϕ, $K_{\dot{\beta}}$, K_β, リードラグ時定数 T_1, T_2 を適切に設定して，安定なロール角制御系を設計せよ．

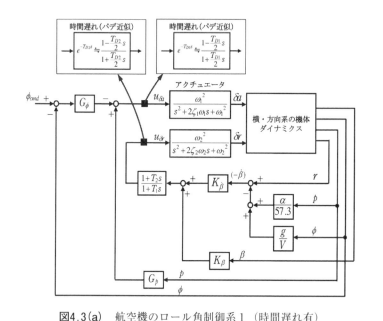

図4.3(a) 航空機のロール角制御系1（時間遅れ有）

ここで用いる航空機は，例題4.2と同じ先尾翼機（10人乗り）である．この先尾翼機に対して，図4.3(a)に示したロール角制御系1を設計する．ここで，決めるべきゲインおよび時定数は，G_p, G_ϕ, $K_{\dot{\beta}}$, K_β, T_1, T_2 の6個である．ここでは，制御系の考慮事項と設計目的として次を考える．

考慮事項	①	アクチュエータを考慮
	②	エルロン，ラダー系に100msの時間遅れを考慮
設計目的	①	振動極を極力左45°ライン上に配置して安定化

（例題4.2に追加）

例題4.3 ロール角制御系1（時間遅れ有）の安定化   53

　この設計目的をKMAPゲイン最適化によって実現する．評価関数は（4.1）式である．その結果，ゲインおよび時定数が次のように得られる．

$G_p = 0.341,\ G_\phi = 1.097,\ K_{\dot{\beta}} = 2.87,\ K_\beta = 5.30,\ T_1 = 0.1425,\ T_2 = 0.1687$

　図4.3(b)は，極の存在範囲である．図中の●の点が最適な極位置を表す．探索された最適ゲインを用いて，根軌跡を表示すると図4.3(c)および図4.3(d)のようになる．ゲイン1倍（小さな○印）はもちろん，ゲイン2倍（小さな□印）でも安定であることがわかる．

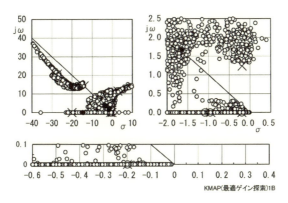

図4.3(b)　最適ゲイン探索結果
（CDES.多目的飛行制御.ロール角制御 B5.Y171003.DAT）

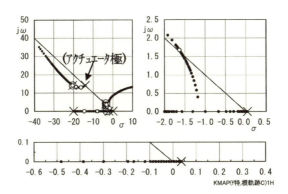

図4.3(c)　エルロン系の根軌跡

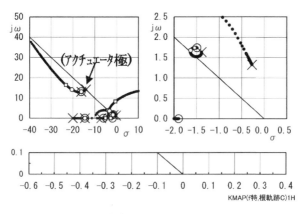

図4.3(d)　ラダー系の根軌跡

図4.3(e) は，コマンドに対するロール角の極・零点である．振動極がほぼ左45°のライン上に配置されて安定化しており，**設計目的①が実現されている**ことがわかる．

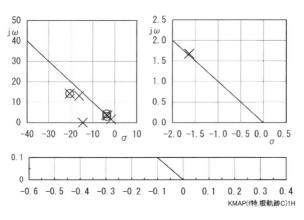

図4.3(e)　ϕ/ϕ_{cmd}の極・零点

例題4.3　ロール角制御系1（時間遅れ有）の安定化　　　　　　　　55

　図4.3(f) は，機体右横からの外乱 vg に対するロール角の応答のゲインと位相である．伝達関数がスカラーであるので，このゲインは特異値に等しく，その最大値 H_∞ ノルムはこのケースでは -4 dB となっている．

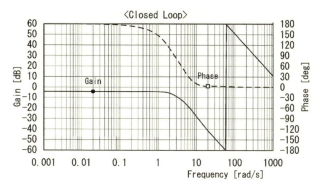

図4.3(f)　外乱特性 ϕ/vg の周波数特性

　図4.3(g) および図4.3(h) は，エルロン系およびラダー系のオープンループの周波数特性である．これから，安定余裕量をまとめると表4.3(a) のようになる．エルロン系，ラダー系ともに十分な安定性を有することがわかる．

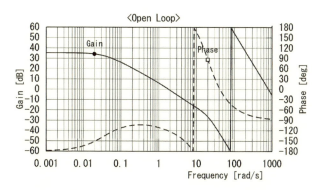

図4.3(g)　エルロン系オープンループの周波数特性

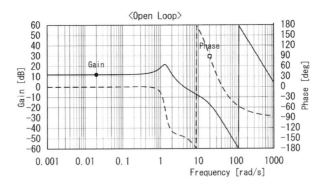

図4.3(h)　ラダー系オープンループの周波数特性

表4.3(a)　安定余裕

	ゲイン余裕 (dB)	位相余裕 (deg)
エルロン系	16	59
ラダー系	7	34

例題4.3 ロール角制御系1（時間遅れ有）の安定化

図4.3(i)は，$t = 2 \sim 15$秒にロール角10°コマンドを入れ，さらに$t = 20 \sim 25$秒に右から外乱20ktが入力された場合のシミュレーション結果である．安定は十分であるが，外乱入力に対するロール角が10°程度変動している．これらの改善は第5章の多目的制御設計（例題5.5）において実施される．

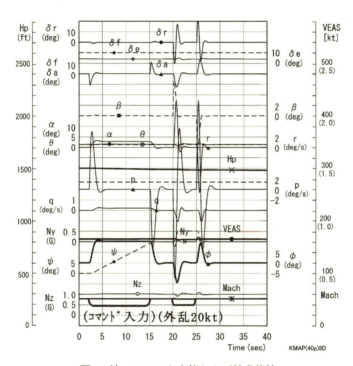

図4.3(i) コマンド応答および外乱特性

表4.3(b) に，設計結果を例題4.2と比較して示す.

表4.3(b) 設計結果まとめ

		内　容	例題4.2	例題4.3
考慮事項	①	アクチエータ考慮	○	
	②	エルロン，ラダー系に100msの時間遅れ考慮		○
設計目的	①	振動極を極力左45°ライン上に配置して安定化	○	
制御性能	①	極の減衰比最小値（ζ）	0.70	0.68
	②	ゲイン余裕（エルロン／ラダー）	21/22dB	16/7dB
	③	位相余裕（エルロン／ラダー）	64/69°	59/34°
	④	外乱応答 φ/vg	− 9 dB	− 4 dB

【例題4.4】 ロール角制御系2（時間遅れ有）の安定化

図4.4(a)は，状態フィードバック（機体ダイナミクスを全てフィードバック）のロール角制御系2である．これに，さらにエルロンおよびラダー系の時間遅れを追加している．この制御系のゲイン $G_1 \sim G_8$ を適切に設定して安定化せよ．

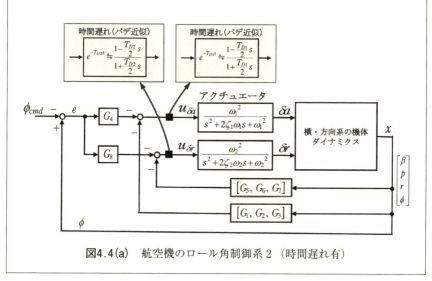

図4.4(a) 航空機のロール角制御系2（時間遅れ有）

ここで用いる航空機は，例題4.2と同じ先尾翼機（10人乗り）である．この先尾翼機に対して，図4.4(a)に示したロール角制御系2を設計する．ここで，決めるべきゲインは，$G_1 \sim G_8$ の8個である．ここでは，制御系の考慮事項と設計目的として次を考える．

考慮事項	①	アクチュエータを考慮
	②	エルロン，ラダー系に100msの時間遅れを考慮
設計目的	①	振動極を極力左45°ライン上に配置して安定化

この設計目的をKMAPゲイン最適化によって実現する．評価関数は（4.1）式である．その結果，ゲインが次のように得られる．

$G_1 = 0.558$, $G_2 = -0.677$, $G_3 = -0.396$, $G_4 = -0.242$,
$G_5 = 0.480$, $G_6 = -0.0915$, $G_7 = -2.65$, $G_8 = -0.234$

図4.4(b) は,極の存在範囲である.図中の●の点が最適な極位置を表す.探索された最適ゲインを用いて,根軌跡を表示すると図4.4(c) および図4.4(d) のようになる.ゲイン1倍(小さな○印)はもちろん,ゲイン2倍(小さな□印)でも安定であることがわかる.

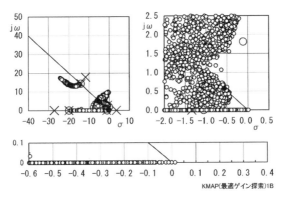

図4.4(b) 最適ゲイン探索結果
(CDES.Z接続法.最適レギュ.ロール角 D1.Y1710115.DAT)

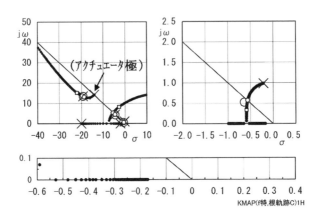

図4.4(c) エルロン系の根軌跡

例題4.4　ロール角制御系2（時間遅れ有）の安定化　　　　　61

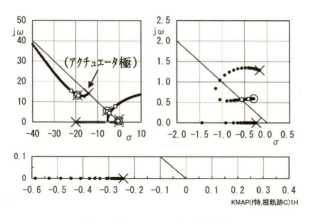

図4.4(d)　ラダー系の根軌跡

図4.4(e)は，コマンドに対するロール角の極・零点である．振動極がほぼ左45°のライン上に配置されて安定化しており，**設計目的①が実現されている**ことがわかる．

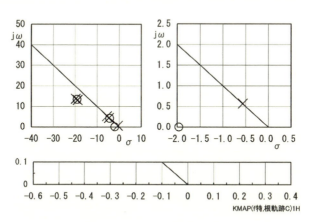

図4.4(e)　ϕ/ϕ_{cmd} の極・零点

図4.4(f) は，機体右方からの外乱 vg に対するロール角の応答のゲインと位相である．伝達関数がスカラーであるので，このゲインは特異値に等しく，その最大値 H_∞ ノルムはこのケースでは － 2 dB となっている．

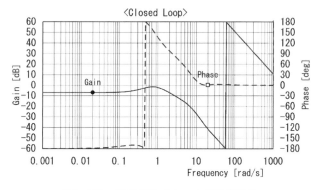

図4.4(f)　外乱特性 ϕ/vg の周波数特性

図4.4(g) および図4.4(h) は，エルロン系およびラダー系のオープンループの周波数特性である．これから，安定余裕量をまとめると表4.4(a) のようになる．エルロン系，ラダー系ともに十分な安定性を有することがわかる．

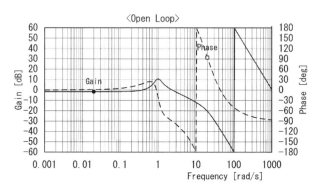

図4.4(g)　エルロン系オープンループの周波数特性

例題4.4 ロール角制御系2（時間遅れ有）の安定化　　　　　　　63

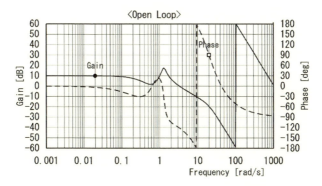

図4.4(h) ラダー系オープンループの周波数特性

表4.4(a) 安定余裕

	ゲイン余裕（dB）	位相余裕（deg）
エルロン系	12	90
ラダー系	10	58

図4.4(i) は，$t=2\sim14$秒にロール角8°コマンドを入れ，さらに$t=20\sim25$秒に右から外乱20ktが入力された場合のシミュレーション結果である．ロール角コマンドにロール角が追従しておらず，また外乱応答もバンク角が大きく変動していることがわかる．これらの改善は第5章の多目的制御設計（例題5.6）において実施される．

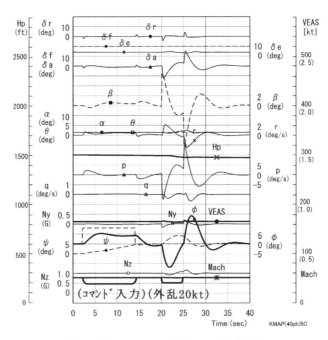

図4.4(i)　コマンド応答および外乱特性

例題4.4　ロール角制御系2（時間遅れ有）の安定化　　　65

設計結果をまとめると，表4.4(b) のようになる.

表4.4(b)　設計結果まとめ

		内　容	例題4.4
考慮事項	①	アクチエータ考慮	○
	②	エルロン，ラダー系に100ms の時間遅れ考慮	○
設計目的	①	振動極を極力左45°ライン上に配置して安定化	○
制御性能	①	極の減衰比最小値（ζ）	0.70
	②	ゲイン余裕（エルロン／ラダー）	12/10dB
	③	位相余裕（エルロン／ラダー）	90/58°
	④	外乱応答 ϕ/vg	− 2 dB

【例題4.5】 ピッチ角制御系2の極位置を指定して安定化

図4.5(a) は，状態フィードバック（機体ダイナミクスを全てフィードバック）のピッチ角制御系2である．この制御系の極位置を指定してゲイン $G_1 \sim G_4$ を求めて安定化せよ．ただし，アクチュエータは省略する．それは，指定する極位置として最適レギュレータによって計算した極位置を用いて，KMAPゲイン最適化を行った結果のフィードバックゲインを最適レギュレータによるゲインと比較するためである．

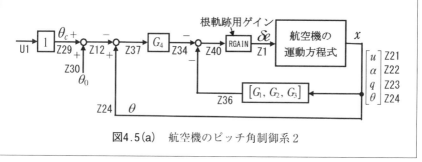

図4.5(a) 航空機のピッチ角制御系2

ここで用いる航空機は，400人乗りの旅客機である．主要諸元を表4.5(a)に，3面図を図4.5(b) に示す．

表4.5(a) 機体の主要諸元

機体重量（着陸）	161（tf）
主翼面積	428（m^2）
翼面荷重	376（kgf/m^2）
平均翼弦	7.95（m）
スパン	60.9（m）
胴体長	63.7（m）
水平尾翼面翼	100（m^2）
主翼水平尾翼間距離	28.1（m）
水平尾翼容積比	0.827（-）
全機空力中心	49.0（% MAC）
重心	25.0（% MAC）

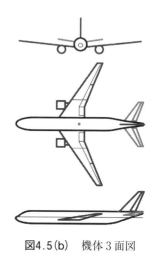

図4.5(b) 機体3面図

例題4.5 ピッチ角制御系2の極位置を指定して安定化

まず，最初に最適レギュレータにより，フィードバックゲインと極位置を求める．機体ダイナミクスおよび評価関数は次式とする．

$$\begin{cases} \dot{x} = Ax + Bu, \quad u = -Gx \\ y = \begin{bmatrix} \alpha \\ \theta \end{bmatrix} = \begin{bmatrix} 0 & 1 & 0 & 0 \\ 0 & 0 & 0 & 1 \end{bmatrix} \begin{bmatrix} u \\ \alpha \\ q \\ \theta \end{bmatrix}, \quad J = \int_0^\infty (y^T Q_y y + u^T Ru) dt \end{cases} \quad (4.2)$$

（Q_y, R は正値対称の重み行列）

いま，Q_y, R の重みを次のように仮定したとき，評価関数を最小とする条件からフィードバックゲインを求める．

```
----〈最適レギュレータ〉(重み Qy, R)----
[ 1]....Qy(1,1)=        0.1000000E+01
[ 2]....Qy(2,2)=        0.1000000E+02
[ 3]....R(1,1)=         0.1000000E+01
```

このとき，フィードバックゲインが次のように得られる．

$$G_1 = -0.0820, \quad G_2 = 0.477, \quad G_3 = -1.791, \quad G_4 = -3.16$$

図4.5(c) は，機体ダイナミクスに上記ゲインをフィードバックした状態でのコマンドに対するピッチ角の極・零点である．安定な極配置となっていることがわかる．

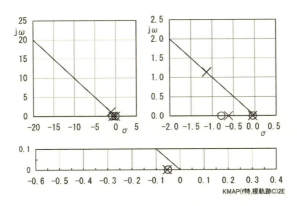

図4.5(c) $\theta/U1$ の極・零点（最適レギュレータ）
(CDES.最適レギュレータ.ピッチ角制御1.Y171030.DAT)

図4.5(c) の極（×印）を数値で示すと次のようである.

```
( 1 )  -1.13+j1.13
( 2 )  -1.13-j1.13
( 3 )  -0.620
( 4 )  -0.0535
```
（最適レギュレータによる極位置）

図4.5(d) は, $t = 2 \sim 10$秒にピッチ角 + 2°コマンドを入れ, さらに$t = 20 \sim 25$秒に下から外乱20ktが入力された場合のシミュレーション結果である. 安定は十分であり, コマンドに対するピッチ角の追従も良い. また, 外乱入力に対するピッチ角の変動も小さいことがわかる.

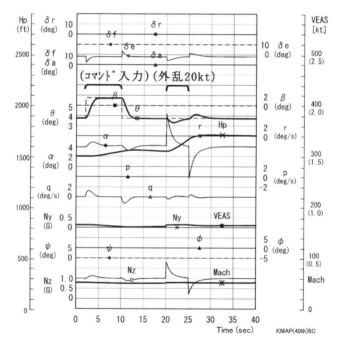

図4.5(d) コマンド応答および外乱特性（最適レギュレータ）

例題4.5 ピッチ角制御系2の極位置を指定して安定化   69

次は，KMAPゲイン最適化により，極位置を指定してピッチ角制御系2を設計してみる．ここで，指定する極位置は，上記の最適レギュレータで求めた極位置として，KMAPゲイン最適化によりフィードバックゲインを求めると次のようになる．

$$G_1 = 0.1456, \quad G_2 = 0.503, \quad G_3 = -1.818, \quad G_4 = -3.22$$

図4.5(e) は，機体ダイナミクスに上記ゲインをフィードバックした状態での根軌跡である．小さい○印がゲイン1倍，小さい□印がゲイン2倍を表す．ゲインが2倍でも十分に安定であることがわかる．

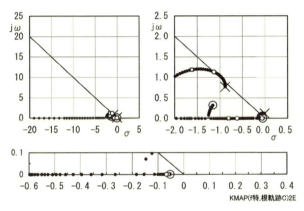

図4.5(e)　根軌跡（KMAPゲイン最適化）
(CDES.Z接続法.極位置指定でピッチ角制御1.Y180201.DAT)

図4.5(f) は，$\theta/U1$ の極・零点である．極の位置は，図4.5(e) の根軌跡における小さな○印の位置に対応するものである．この極（×印）を数値で示すと次のようである．

```
( 1)  -1.13+j1.13
( 2)  -1.13-j1.13
( 3)  -0.619
( 4)  -0.0673
```
（KMAPゲイン最適化による極位置）

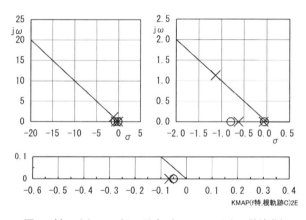

図4.5(f) $\theta/U1$ の極・零点（KMAPゲイン最適化）

例題4.5 ピッチ角制御系2の極位置を指定して安定化   71

図4.5(g) は，$t = 2 \sim 10$秒にピッチ角$+2°$コマンドを入れ，さらに$t = 20 \sim 25$秒に下から外乱20ktが入力された場合のシミュレーション結果である．最適レギュレータの結果と同様に，安定は十分であり，コマンドに対するピッチ角の追従も良い．また，外乱入力に対するピッチ角の変動も小さいことがわかる．

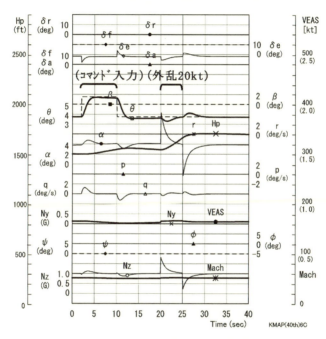

図4.5(g) コマンド応答および外乱特性（KMAPゲイン最適化）

72　　第 4 章　KMAP ゲイン最適化による安定化制御設計

設計結果をまとめると，表4.5(b) のようになる．

表4.5(b)　設計結果まとめ

	最適レギュレータ	KMAP ゲイン最適化
フィードバックゲイン	$G_1 = -0.0820$ $G_2 = 0.477$ $G_3 = -1.791$ $G_4 = -3.16$	$G_1 = 0.1456$ $G_2 = 0.503$ $G_3 = -1.818$ $G_4 = -3.22$
極位置	$-1.13 + \text{j}1.13$ $-1.13 - \text{j}1.13$ ⎫ 極位置 -0.620 ⎬ 指定 -0.0535 ⎭	$-1.13 + \text{j}1.13$ $-1.13 - \text{j}1.13$ -0.619 -0.0673

　表4.5(b) から，極位置を指定して KMAP ゲイン最適化を行うと，良い精度で指定どおりの極を有する制御系が実現できることが確認できる．

第5章　KMAP ゲイン最適化による多目的制御設計

　前章では，フィードバックゲインや各種フィルタ（伝達関数）からなる制御系が安定となるように，ゲインやフィルタの時定数を最適化することで制御系設計を行う方法について述べた．本章では，制御系を安定化するだけではなく，その他の設計目的を同時に満足する多目的制御設計の方法について述べる．

　まず，KMAP 法によって，制御系の各要素の入出力に Z 番号を与えてそれらを接続することでフィードバック制御系を構成する．この方法を用いると，多入力多出力の複雑な制御系を簡単な操作で構成することができる．

　次に，制御系内のフィルタやフィードバックゲインを，乱数を用いて組み合わせを設定して，制御系の極および周波数特性を計算する．それを用いて多目的の条件を満足する解の内，(5.1)式の評価関数を最小とする組み合わせケースを最適解とする．これが KMAP ゲイン最適化による多目的制御設計の方法である．最適化の評価関数 J は次式である．

$$J = \sum_{i=1}^{n} \left(\zeta_i - 0.7071 \right)^2 - 重み係数 \times \sqrt{\sigma_i^2 + \omega_i^2} \tag{5.1}$$

　ここで，ζ_i はラプラス平面の上半面の極の減衰比である．また，実数極の場合は $\zeta_i = 1$ としている．式内の数字の0.7071は，左45°ライン上にある極の減衰比である．この45°の傾きは変更することもできる．重み係数は，極位置をなるべく原点から遠い位置にして応答を速めるためのものである．$\sigma_i + j\omega_i$ は極位置を表すが，極が実軸上の場合は重み係数を1/10としている．なお，この重みを考慮する範囲（rad/s）を入力するようにしている．範囲を限定することで，アクチュエータなどの遠い極が選択されてしまうことを避けるためである．このようにして，フィードバック制御系の極をラプラス平面上の左45°ライン上で原点から離れるような位置が選択される．

　以下，例題を通して本手法による設計方法を学ぶ．

【例題5.1】 ピッチ角制御系1の安定化と外乱低減

図5.1(a) は, 例題4.1と同じピッチ角制御系1である. ここでは, 単に安定だけではなく, 外乱応答低減要求を同時に満足するように, ゲイン K_1, K_2, a, リードラグ時定数 T_1, T_2 を設計せよ.

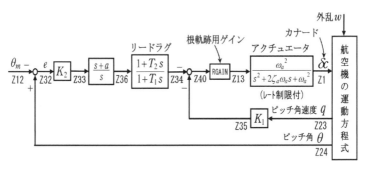

図5.1(a)　航空機のピッチ角制御系1

ここで用いる航空機は, 例題4.1と同じ静安定の不安定度が25% MACの先尾翼機(10人乗り)である. ここで, 決めるべきゲインおよび時定数は K_1, K_2, a, T_1, T_2 の5個である.

ここでは, 制御系の考慮事項と設計目的として次を考える.

考慮事項	①	アクチュエータを考慮
設計目的	①	振動極を極力左45°ライン上に配置して安定化
	②	外乱からピッチ角応答の H_∞ ノルムを -25dB 以下 ← (例題4.1に追加)

この設計目的をKMAPゲイン最適化によって実現する. 決めるべきゲインおよび時定数の組み合わせを設定して制御系の極および周波数特性を計算する. そして, 設計目的②を満足する組み合わせの中から, 設計目的①に関する評価関数((5.1)式)を最小とするものを解とする. その結果, ゲインおよび時定数が次のように得られる.

$$K_1 = 1.92, \quad K_2 = 3.89, \quad a = 1.02, \quad T_1 = 0.305, \quad T_2 = 0.773$$

例題5.1 ピッチ角制御系1の安定化と外乱低減　　　75

図5.1(b) は，探索時の極の状況である．図中の●の点が最適な極位置を表す．探索された最適ゲインを用いて，根軌跡を表示すると図5.1(c) のようになる．静安定の不安定度が25% MAC によって，$s=1.45$ にある不安定極が安定化されている（小さな○印）ことがわかる．なお，小さな□印はゲインを2倍にした場合であるが，十分安定であることがわかる．図5.1(d) は，コマンドに対するピッチ角の極・零点である．振動極が左45°のライン上に配置されて安定化しており，**設計目的①**が実現されていることがわかる．

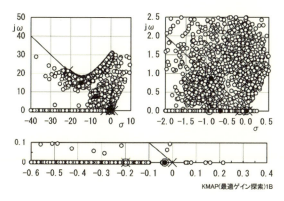

図5.1(b)　最適ゲイン探索結果
（CDES.多目的飛行制御10.Y170911）

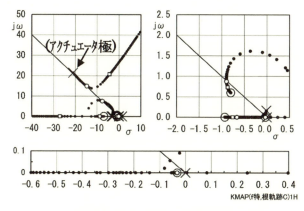

図5.1(c)　δc ラインの根軌跡

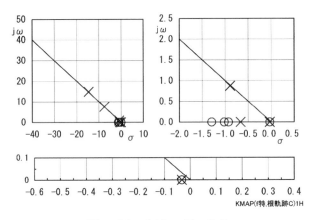

図5.1(d)　θ/θ_m の極・零点

図5.1(e) は，機体下方からの外乱 w に対するピッチ角の応答のゲインと位相である．伝達関数がスカラーであるので，このゲインは特異値に等しく，その最大値 H_∞ ノルムは -26dB であり，**設計目的②が実現されている**ことがわかる．

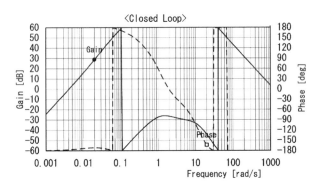

図5.1(e)　外乱特性 θ/w の周波数特性

例題5.1　ピッチ角制御系1の安定化と外乱低減　　　　　　　　　　　　77

　図5.1(f) は，オープンループの周波数特性である．この先尾翼機は機体固有不安定であるので，オープンループの位相は－180°を何度も横切る特性となっている（図5.1(c) 参照）．図5.1(f) の周波数特性から安定余裕をまとめると表5.1(a) のようになる．ここで，ゲイン余裕に関係する箇所は3つあり，この内，ゲイン余裕の1番目と2番目は安定のためにはゲインが0 (dB) 以上必要である箇所である．

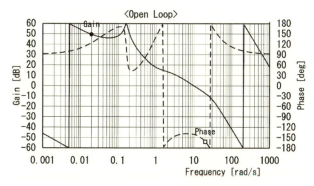

図5.1(f)　オープンループの周波数特性

表5.1(a)　図5.1(f) の安定余裕のまとめ

周波数（rad/s）	ゲイン余裕（dB）	位相余裕（deg）
1.60	14.8	－
10.0	－	39.4
27.5	11.2	－

ゲイン余裕最小値＝11.2(dB)，位相余裕最小値＝39.4(deg)

図5.1(g) は，$t=2$〜14秒にピッチ角 $+2°$ コマンドを入れ，さらに $t=20$〜25秒に下から外乱20ktが入力された場合のシミュレーション結果である．安定は十分であり，コマンドに対するピッチ角の追従も例題4.1のケースよりも改善されている．また，外乱入力に対するピッチ角も0.5°程度に減少していることがわかる．

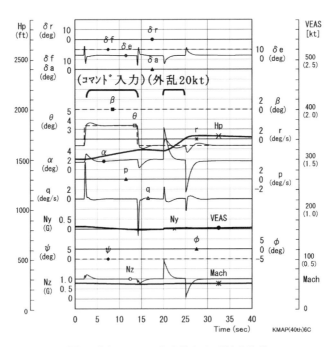

図5.1(g)　コマンド応答および外乱特性

例題5.1　ピッチ角制御系1の安定化と外乱低減　　　79

表5.1(b)　設計結果まとめ

		内　容	例題4.1	例題5.1
考慮事項	①	アクチエータ考慮	○	
設計目的	①	振動極を極力左45°ライン上に配置して安定化	○	
	②	外乱からロール角応答の H_∞ ノルムを -25dB 以下		○
制御性能	①	極の減衰比最小値（ζ）	0.70	0.70
	②	ゲイン余裕	8 dB	11dB
	③	位相余裕	51°	39°
	④	外乱応答 θ/wg	-13dB	-26dB

【例題5.2】 ピッチ角制御系1の安定余裕と外乱低減

図5.2(a) は，例題4.1，例題5.1と同じピッチ角制御系1である．ここでは，安定化と外乱応答低減だけではなく，安定余裕要求も同時に満足するするように，ゲイン K_1, K_2, a, リードラグ時定数 T_1, T_2 を設計せよ．

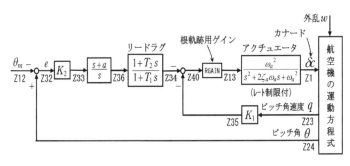

図5.2(a) 航空機のピッチ角制御系1

ここで用いる航空機は，例題4.1と同じ静安定の不安定度が25% MAC の先尾翼機（10人乗り）である．ここで，決めるべきゲインおよび時定数は K_1, K_2, a, T_1, T_2 の5個である．

ここでは，制御系の考慮事項と設計目的として次を考える．

考慮事項	①	アクチュエータを考慮	
設計目的	①	振動極を極力左45°ライン上に配置して安定化	
	②	ゲイン余裕10dB 以上，位相余裕45°以上	←（例題5.1に追加）
	③	外乱からピッチ角応答の H_∞ ノルムを -25dB 以下	

この設計目的を KMAP ゲイン最適化によって実現する．決めるべきゲインおよび時定数の組み合わせを設定して制御系の極および周波数特性を計算する．そして，設計目的②および③を満足する組み合わせの中から，設計目的①に関する評価関数（(5.1)式）を最小とするものを解とする．その結果，ゲインおよび時定数が次のように得られる．

$$K_1 = 1.62, \quad K_2 = 3.48, \quad a = 0.0803, \quad T_1 = 4.99, \quad T_2 = 8.86$$

例題5.2 ピッチ角制御系1の安定余裕と外乱低減　　　　　　　　　81

図5.2(b) は，極の存在範囲である．図中の●の点が最適な極位置を表す．探索された最適ゲインを用いて，根軌跡を表示すると図5.2(c) のようになる．静安定の不安定度が25％MACによって，$s=1.45$ にある不安定極が安化されている（小さな〇印）ことがわかる．なお，小さな□印はゲインを2倍にした場合であるが，十分安定であることがわかる．図5.2(d) は，コマンドに対するピッチ角の極・零点である．振動極がほぼ左45°のライン上に配置されて安定化しており，**設計目的①が実現されている**ことがわかる．

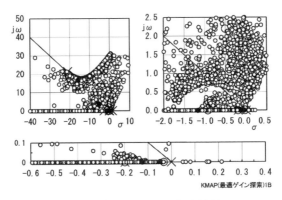

図5.2(b) 最適ゲイン探索結果
(CDES.多目的飛行制御22.Y170927.DAT)

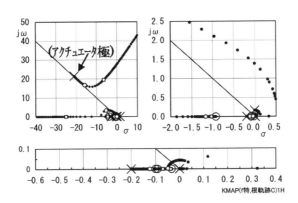

図5.2(c) δc ラインの根軌跡

82   第5章 KMAPゲイン最適化による多目的制御設計

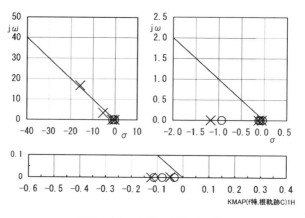

図5.2(d)　θ/θ_m の極・零点

図5.2(e) は，機体下方からの外乱 w に対するピッチ角の応答のゲインと位相である．伝達関数がスカラーであるので，このゲインは特異値に等しく，その最大値 H_∞ ノルムは $-25\mathrm{dB}$ であり，**設計目的③が実現されている**ことがわかる．

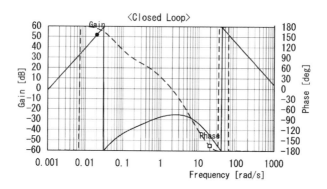

図5.2(e)　外乱特性 θ/w の周波数特性

例題5.2 ピッチ角制御系1の安定余裕と外乱低減

図5.2(f) は，オープンループの周波数特性である．この先尾翼機は機体固有不安定であるので，オープンループの位相は-180°を何度も横切る特性となっている（図5.2(c) 参照）．図5.2(f) の周波数特性から安定余裕をまとめると表5.2(a) のようになる．ここで，ゲイン余裕に関係する箇所は3つあり，この内，ゲイン余裕の1番目と2番目は安定のためにはゲインが0(dB) 以上必要である箇所である．この制御系の安定余裕はゲイン余裕13.4dB，位相余裕45.3°であり，**設計目的②**が実現されていることがわかる．

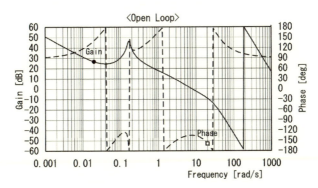

図5.2(f) オープンループの周波数特性

表5.2(a) 図5.2(f) の安定余裕のまとめ

周波数（rad/s）	ゲイン余裕（dB）	位相余裕（deg）
0.044	24.6	—
1.40	15.5	—
7.95	—	45.3
29.0	13.4	—

ゲイン余裕最小値=13.4(dB)，位相余裕最小値=45.3(deg)

図5.2(g) は，$t = 2 \sim 14$秒にピッチ角 + 2°コマンドを入れ，さらに$t = 20 \sim 25$秒に下から外乱20ktが入力された場合のシミュレーション結果である．安定は十分であり，コマンドに対するピッチ角の追従も例題4.1のケースよりも改善されている．また，外乱入力に対するピッチ角も0.5°程度に減少していることがわかる．

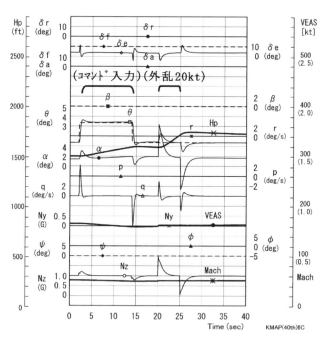

図5.2(g)　コマンド応答および外乱特性

例題5.2　ピッチ角制御系1の安定余裕と外乱低減　　85

表5.2(b)　設計結果まとめ

		内　容	例題5.1	例題5.2
考慮事項	①	アクチエータ考慮	○	
設計目的	①	振動極を極力左45°ライン上に配置して安定化	○	
	②	ゲイン余裕10dB以上，位相余裕45°以上		○
	③	外乱からロール角応答の H_∞ ノルムを-25dB以下	○	
制御性能	①	極の減衰比最小値（ζ）	0.70	0.70
	②	ゲイン余裕	11dB	13dB
	③	位相余裕	39°	45°
	④	外乱応答 θ/wg	-26dB	-25dB

【例題5.3】 ピッチ角制御系1（乗法的誤差有無）の同時安定化

図5.3(a) は，例題4.1のピッチ角制御系に，10(rad/s) の周波数にてゲインが15(dB) 増加するノッチフィルタを下記のように入力端乗法的誤差として加えたものである．ここでは，乗法的誤差の有りなしの両ケースを安定化するように，ゲイン K_1，K_2，a，リードラグ時定数 T_1，T_2 を設計せよ．

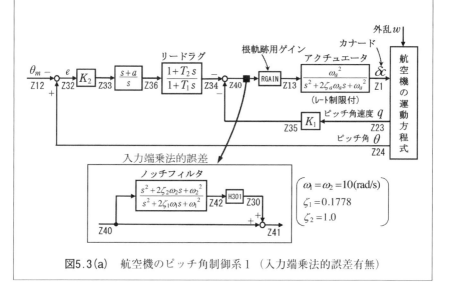

図5.3(a) 航空機のピッチ角制御系1（入力端乗法的誤差有無）

例題5.3 ピッチ角制御系1（乗法的誤差有無）の同時安定化

ここで用いる航空機は，例題4.1と同じ静安定の不安定度が25% MAC の先尾翼機（10人乗り）である．図5.3(a) に示すノッチフィルタの周波数特性を図5.3(b) に示す．

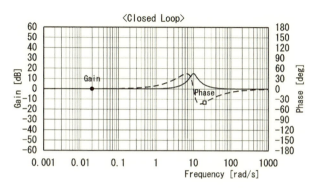

図5.3(b) ノッチフィルタの周波数特性
（EIGE.ノッチフィルタ3.Y170911.DAT）

いま，図5.3(a) のピッチ角制御系のフィードバックゲイン等は，例題5.1で設計した値とすると，入力端乗法的誤差を追加すると，図5.3(c) に示すように，不安定となってしまうことがわかる．これは，入力端乗法的誤差によって減衰比の悪い振動極が追加されたためである．

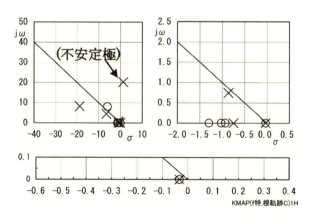

図5.3(c) θ/θ_m の極・零点（例題5.1に乗法的誤差追加）
（CDES.多目的飛行制御11.Y170911.DAT）

そこで，図5.3(a) の入力端乗法的誤差が有る場合とない場合の両ケースで制御系が安定になるようにゲインおよび時定数 K_1, K_2, a, T_1, T_2 の5個を設計する．すなわち，制御系の考慮事項と設計目的は次である．

考慮事項	①	アクチュエータを考慮
	②	入力端乗法的誤差有りとなし両ケース考慮
設計目的	①	入力端乗法的誤差有りとなし両ケースで，振動極の減衰比を0.04以上で安定化

（例題4.1に乗法的誤差追加）

KMAPゲイン最適化により，H300＝1として両ケース同時探索の結果，ゲインおよび時定数が次のように得られる．

$$K_1 = 0.816, \quad K_2 = 0.436, \quad a = 0.0959, \quad T_1 = 2.50, \quad T_2 = 6.69$$

探索された最適ゲインを用いて，入力端乗法的誤差が有る場合の根軌跡を表示すると図5.3(d) のようになる．図5.3(c) で不安定となっていた極が安定となっている（小さな○印）ことがわかる．

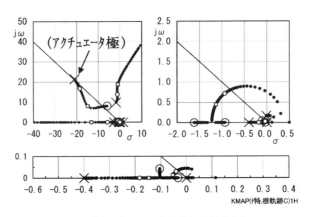

図5.3(d) 根軌跡（乗法的誤差有り）
(CDES.多目的飛行制御12.Y180101.DAT)

例題5.3 ピッチ角制御系1（乗法的誤差有無）の同時安定化　　　89

　図5.3(e) は，入力端乗法的誤差がある場合のコマンドに対するピッチ角の極・零点である．最も減衰比の弱い極は0.09であり，**設計目的①を満足して**いる．

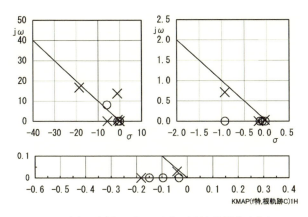

　図5.3(e)　θ/θ_m の極・零点（乗法的誤差有り）

図5.3(f) は，$t=2 \sim 14$秒にピッチ角$+2°$コマンドを入れ，さらに$t=20 \sim 25$秒に下から外乱20ktが入力されたとき乗法的誤差が有る場合のシミュレーション結果である．コマンド入力に対するピッチ角の追従性は比較的良好で，外乱に対するピッチ角も1.5°程度で大きくはない．しかし，舵角とピッチ角速度には約15(rad/s) の振動が見られる．

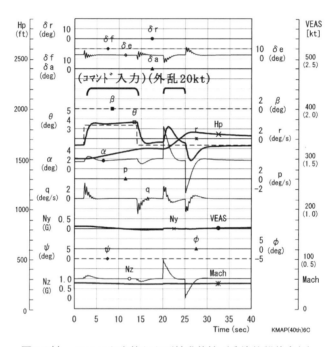

図5.3(f) コマンド応答および外乱特性（乗法的誤差有り）

例題5.3 ピッチ角制御系1（乗法的誤差有無）の同時安定化　　　　　91

次に，入力端乗法的誤差がない場合（H300＝1 を H301＝0 に修正して計算）であるが，図5.3(g) に根軌跡を，図5.3(h) に極・零点を，図5.3(i) にシミュレーション結果を示す．なお，図5.3(g) および図5.3(h) 内の $-1.8 \pm j9.8$ に表示されている極・零点は，入力端乗法的誤差を取り除いた後の結果である（実際には存在しない極・零点である）．制御系は十分安定であるが，コマンド入力に対するピッチ角の追従性は劣化し，また，外乱に対するピッチ角変動量も増加している．これらの特性の改善は，次の例題5.4で行う．

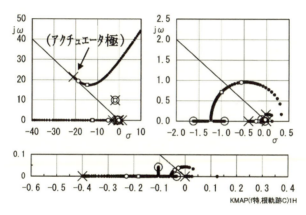

図5.3(g) 根軌跡（乗法的誤差なし）
（CDES.多目的飛行制御14.Y180101.DAT）

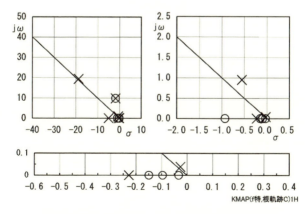

図5.3(h) θ/θ_m 極・零点（乗法的誤差なし）

第5章 KMAPゲイン最適化による多目的制御設計

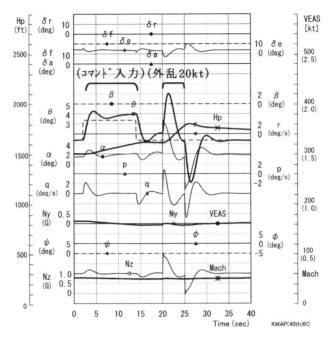

図5.3(i) コマンド応答および外乱特性（乗法的誤差なし）

表5.3(a) 設計結果まとめ

		内　容	例題5.3	
考慮事項	①	アクチエータ考慮	○	
	②	乗法的誤差	有り	なし
設計目的	①	乗法的誤差有りとなしの同時安定化 （減衰比≧0.04）	○	
制御性能	①	極の減衰比最小値（ζ）	0.09	0.50
	②	ゲイン余裕	8 dB	6 dB
	③	位相余裕	15°	57°
	④	外乱応答 θ/wg	$-$19dB	$-$10dB

【例題5.4】 ピッチ角制御系1（乗法的誤差有無）の同時安定化と外乱低減

図5.4(a)は，例題5.3と同様に，ピッチ角制御系に10(rad/s)の周波数にてゲインが15(dB)増加するノッチフィルタを入力端乗法的誤差として加えたものである．ここでは，乗法的誤差の有りなしの両ケースを安定化するだけではなく，さらに外乱応答低減要求を満足するように，ゲイン K_1, K_2, a, リードラグ時定数 T_1, T_2 を設計せよ．

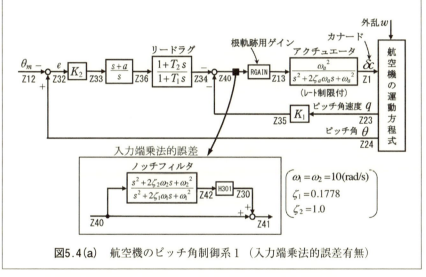

図5.4(a) 航空機のピッチ角制御系1（入力端乗法的誤差有無）

ここで用いる航空機は，例題4.1と同じ静安定の不安定度が25% MACの先尾翼機（10人乗り）である．

ここでは，制御系の考慮事項と設計目的として次を考える．

考慮事項	①	アクチュエータを考慮
	②	入力端乗法的誤差有りとなし両ケース考慮
設計目的	①	入力端乗法的誤差有りとなし両ケースで，振動極の減衰比を0.04以上で安定化
	②	外乱からピッチ角応答の H_∞ ノルムを -15 dB 以下 ← 例題5.3に追加

第5章 KMAP ゲイン最適化による多目的制御設計

ここで，決めるべきゲインおよび時定数は K_1, K_2, a, T_1, T_2 の5個である．KMAP ゲイン最適化により，H300＝1として両ケース同時探索の結果，ゲインおよび時定数が次のように得られる．

$$K_1 = 1.293, \quad K_2 = 0.873, \quad a = 0.0643, \quad T_1 = 2.93, \quad T_2 = 5.66$$

探索された最適ゲインを用いて，入力端乗法的誤差が有る場合の根軌跡を表示すると図5.4(b) のようになる．図5.3(c) で不安定となっていた極が安定となっている（小さな○印）ことがわかる．

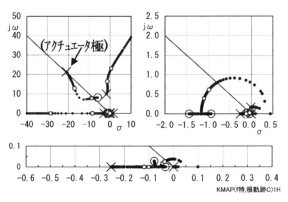

図5.4(b)　根軌跡（乗法的誤差有り）
（CDES.多目的飛行制御15.Y180101.DAT）

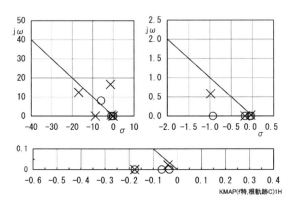

図5.4(c)　θ/θ_m の極・零点（乗法的誤差有り）

図5.4(c) は，入力端乗法的誤差が有る場合のコマンドに対するピッチ角の極・零点である．最も減衰比の弱い極は0.08であり，**設計目的①を満足して**いる．図5.4(d) は，機体下方からの外乱 w に対するピッチ角の応答のゲインと位相である．H_∞ノルムは-23dB であり，**設計目的②**が実現されていることがわかる．

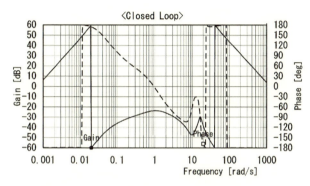

図5.4(d) θ/w の外乱応答（乗法的誤差有り）

図5.4(e) は，$t = 2$ 〜14秒にピッチ角 + 2°コマンドを入れ，さらに $t = 20$ 〜25秒に下から外乱20kt が入力されたとき乗法的誤差が有る場合のシミュレーション結果である．コマンド入力に対するピッチ角の追従性は比較的良好で，外乱入力に対するピッチ角も図5.3(f) の場合（H_∞ ノルム指定なし）よりも小さくなっている．ただし，舵角とピッチ角速度には約15(rad/s) の振動が見られるのは同じである．

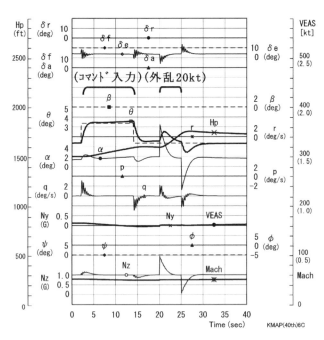

図5.4(e)　コマンド応答および外乱特性（乗法的誤差有り）

例題5.4 ピッチ角制御系1 (乗法的誤差有無) の同時安定化と外乱低減   97

次に，入力端乗法的誤差がない場合（H300＝1 を H301＝0 に修正して計算）であるが，図5.4(f) に根軌跡を，図5.4(g) に極・零点を示す．なお，図5.4(f) および図5.4(g) 内の $-1.8 \pm j9.8$ に表示されている極・零点は，入力端乗法的誤差を取り除いた後の結果である．図5.3(g) および図5.3(h) の場合（H_∞ ノルム指定なし）よりも左45°ラインに極が移動しており，非常に安定な特性になっていることがわかる．

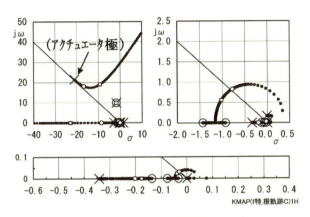

図5.4(f) 根軌跡（乗法的誤差なし）
(CDES.多目的飛行制御16.Y180101.DAT)

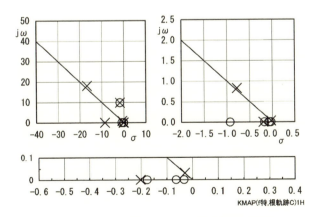

図5.4(g) θ/θ_m 極・零点（乗法的誤差なし）

図5.4(h) は，入力端乗法的誤差がない場合の機体下方からの外乱 w に対するピッチ角の応答のゲインと位相である．H_∞ ノルムは－15dB であり，**設計目的②が実現されている**ことがわかる．

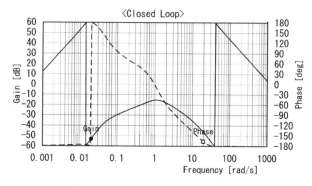

図5.4(h)　θ/w の外乱応答（乗法的誤差なし）

例題5.4 ピッチ角制御系1（乗法的誤差有無）の同時安定化と外乱低減　99

図5.4(i) は，$t=2 \sim 14$秒にピッチ角$+2°$コマンドを入れ，さらに$t=20 \sim 25$秒に下から外乱20ktが入力されたとき乗法的誤差がない場合のシミュレーション結果である．図5.3(i) の場合（H_∞ノルム指定なし）と比較すると，コマンド入力に対するピッチ角応答のH_∞ノルムを指定したことにより，ピッチ角の変動量が小さくなっていることが確認できる．

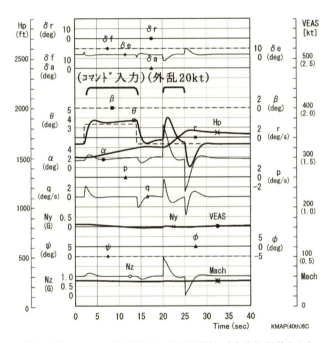

図5.4(i)　コマンド応答および外乱特性（乗法的誤差なし）

表5.4(a) 設計結果まとめ

		内　容	例題5.3		例題5.4	
考慮事項	①	アクチエータ考慮	○			
	②	乗法的誤差	有り	なし	有り	なし
設計目的	①	乗法的誤差有りとなしの同時安定化（減衰比≧0.04）	○			
	②	外乱応答 H_∞ ノルム -15dB 以下			○	
制御性能	①	極の減衰比最小値（ζ）	0.09	0.50	0.08	0.70
	②	ゲイン余裕	8 dB	6 dB	5 dB	10dB
	③	位相余裕	15°	57°	10°	65°
	④	外乱応答 θ/wg	-19dB	-10dB	-23dB	-15dB

【例題5.5】 ロール角制御系1（時間遅れ有）の安定余裕と外乱低減

図5.5(a) は，例題4.3と同じ制御系である．ここでは，単に安定だけではなく，安定余裕要求と外乱応答低減要求を同時に満足するように，ゲイン G_p, G_ϕ, $K_{\dot\beta}$, K_β, リードラグ時定数 T_1, T_2 を設計せよ．

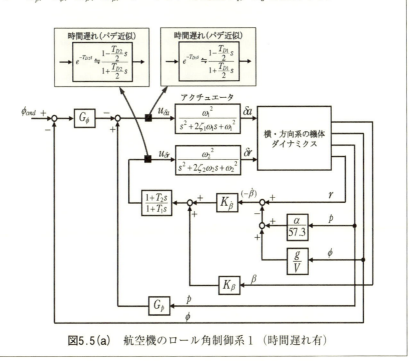

図5.5(a) 航空機のロール角制御系1（時間遅れ有）

ここで用いる航空機は，例題4.2と同じ先尾翼機（10人乗り）である．この先尾翼機に対して，図5.5(a) に示したロール角制御系1を設計する．ここで，決めるべきゲインおよび時定数は，G_p, G_ϕ, $K_{\dot\beta}$, K_β, T_1, T_2 の6個である．

ここでは，制御系の考慮事項と設計目的として次を考える．

102　第5章　KMAP ゲイン最適化による多目的制御設計

考慮事項	①	アクチュエータを考慮
	②	エルロン，ラダー系に100msの時間遅れを考慮
設計目的	①	振動極を極力左45°ライン上に配置して安定化
	②	ゲイン余裕6dB以上，位相余裕45°以上
	③	外乱からロール角応答の H_∞ ノルムを－10dB以下

（例題4.3に追加）

　この設計目的を KMAP ゲイン最適化によって実現する．決めるべきゲインおよび時定数の組み合わせを設定して制御系の極を求める．そして，設計目的②および③を満足する組み合わせの中から，設計目的①の (5.1)式の評価関数を最小とするものを解とする．その結果，ゲインおよび時定数が次のように得られる．

$$G_p = 0.810, \quad G_\phi = 1.782, \quad K_{\dot{\beta}} = 6.60, \quad K_\beta = 3.42, \quad T_1 = 3.08, \quad T_2 = 1.119$$

　図5.5(b) は，探索時の極の状況である．図中の●の点が最適な極位置を表す．探索された最適ゲインを用いて，根軌跡を表示すると図5.5(c) および図5.5(d) のようになる．小さな○印はゲインを1倍にした場合，小さな□印はゲインを2倍にした場合であるが，いずれも安定であることがわかる．

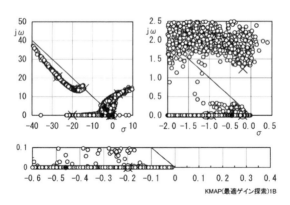

図5.5(b)　最適ゲイン探索結果
(CDES.多目的飛行制御.ロール角制御 B8.Y171117.DAT)

例題5.5　ロール角制御系1（時間遅れ有）の安定余裕と外乱低減　　103

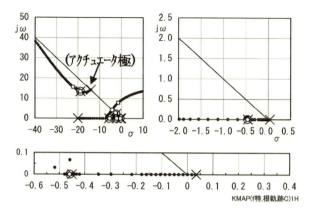

図5.5(c)　エルロン系の根軌跡

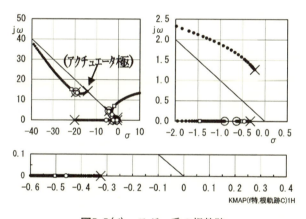

図5.5(d)　ラダー系の根軌跡

図5.5(e) は,コマンドに対するロール角の極・零点である.振動極がほぼ左45°のライン上に配置されて安定化しており,**設計目的①が実現されている**ことがわかる.

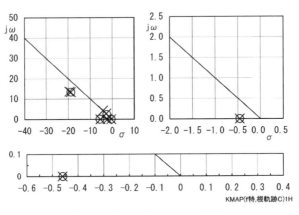

図5.5(e) ϕ/ϕ_{cmd}の極・零点

図5.5(f) および図5.5(g) は,エルロン系およびラダー系のオープンループの周波数特性である.これから,安定余裕量をまとめると表5.5(a) のようになる.エルロン系,ラダー系ともに**設計目的②が実現されている**ことがわかる.

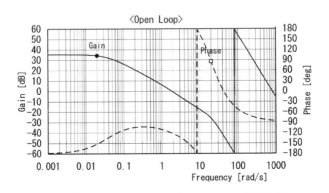

図5.5(f) エルロン系オープンループの周波数特性

例題5.5 ロール角制御系1（時間遅れ有）の安定余裕と外乱低減　　　105

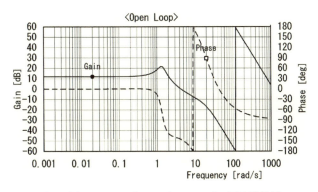

図5.5(g)　ラダー系オープンループの周波数特性

表5.5(a)　安定余裕

	ゲイン余裕（dB）	位相余裕（deg）
エルロン系	9	53
ラダー系	10	45

図5.5(h) は，機体右横からの外乱 vg に対するロール角の応答のゲインと位相である．伝達関数がスカラーであるので，このゲインは特異値に等しく，その最大値 H_∞ ノルムはこのケースでは -10dB となっており，**設計目的③が実現されている**ことがわかる．

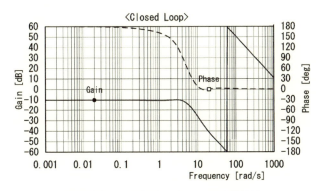

図5.5(h)　外乱特性 ϕ/vg の周波数特性

図5.5(i) は，$t=2\sim15$秒にロール角10°コマンドを入れ，さらに$t=20\sim25$秒に右から外乱20ktが入力された場合のシミュレーション結果である．安定は十分であり，例題4.3に比較して，外乱入力に対するロール角が5°程度に小さくなっていることが確認できる．

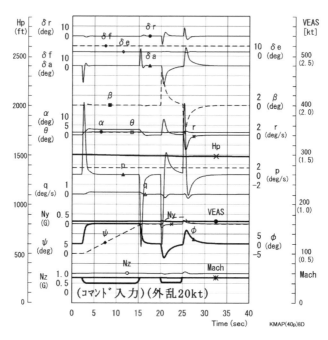

図5.5(i)　コマンド応答および外乱特性

例題5.5　ロール角制御系1（時間遅れ有）の安定余裕と外乱低減　　107

表5.5(b)　設計結果まとめ

		内　容	例題4.3	例題5.5
考慮事項	①	アクチエータ考慮	○	
	②	エルロン，ラダー系に100msの時間遅れ考慮	○	
設計目的	①	振動極を極力左45°ライン上に配置して安定化	○	
	②	ゲイン余裕6dB以上，位相余裕45°以上		○
	③	外乱からロール角応答のH_∞ノルムを-10dB以下		○
制御性能	①	極の減衰比最小値（ζ）	0.68	0.70
	②	ゲイン余裕（エルロン／ラダー）	16/7dB	9/10dB
	③	位相余裕（エルロン／ラダー）	59/34°	53/45°
	④	外乱応答ϕ/vg	-4dB	-10dB

【例題5.6】 ロール角制御系2（時間遅れ有）の安定化と外乱低減

図5.6(a) は，例題4.4と同様に，状態フィードバックのロール角制御系2に，エルロンおよびラダーに時間遅れを追加した制御系である．ここでは，単に安定化だけではなく，外乱応答低減要求を同時に満足するように，ゲイン $G_1 \sim G_8$ を設計せよ．また，最適レギュレータによって設計した制御系と特性を比較せよ．

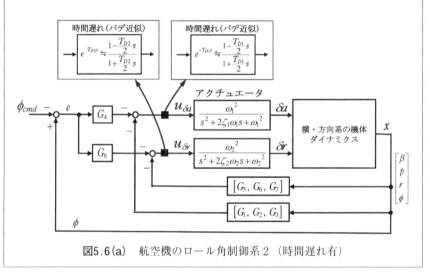

図5.6(a)　航空機のロール角制御系2（時間遅れ有）

ここで用いる航空機は，例題4.2と同じ先尾翼機（10人乗り）である．この先尾翼機に対して，図5.6(a) に示したロール角制御系2を設計する．ここで，決めるべきゲインは，$G_1 \sim G_8$ の8個である．

ここでは，制御系の考慮事項と設計目的として次を考える．

考慮事項	①	アクチュエータを考慮
	②	エルロン，ラダー系に100msの時間遅れを考慮
設計目的	①	振動極を極力左45°ライン上に配置して安定化
	②	外乱からロール角応答の H_∞ ノルムを -10dB 以下

（例題4.4に追加）

例題5.6 ロール角制御系2（時間遅れ有）の安定化と外乱低減

この設計目的を KMAP ゲイン最適化によって実現する．決めるべきゲインの組み合わせを設定して制御系の極を求める．そして，設計目的②を満足する組み合わせの中から，設計目的①の (5.1) 式の評価関数を最小とするものを解とする．その結果，ゲインおよび時定数が次のように得られる．

$$G_1 = 1.40, \quad G_2 = -0.884, \quad G_3 = -0.144, \quad G_4 = -2.09,$$
$$G_5 = 1.98, \quad G_6 = -0.0482, \quad G_7 = -2.36, \quad G_8 = -0.0524$$

図5.6(b) は，探索時の極の状況である．図中の●の点が最適な極位置を表す．探索された最適ゲインを用いて，根軌跡を表示すると図5.6(c) および図5.6(d) のようになる．小さな○印はゲインを1倍にした場合，小さな□印はゲインを2倍にした場合であるが，いずれも安定であることがわかる．

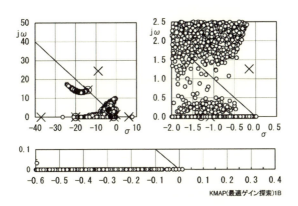

図5.6(b) 最適ゲイン探索結果
（CDES.多目的飛行制御.ロール角制御 D3.Y171011.DAT）

110　第5章　KMAPゲイン最適化による多目的制御設計

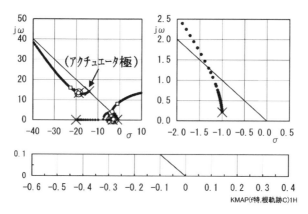

図5.6(c)　エルロン系の根軌跡

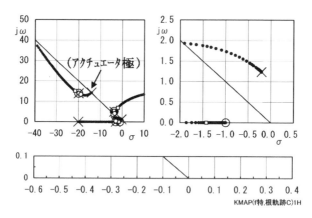

図5.6(d)　ラダー系の根軌跡

例題5.6 ロール角制御系2（時間遅れ有）の安定化と外乱低減   111

図5.6(e) は，コマンドに対するロール角の極・零点である．振動極がほぼ左45°のライン上に配置されて安定化しており，**設計目的①が実現されている**ことがわかる．

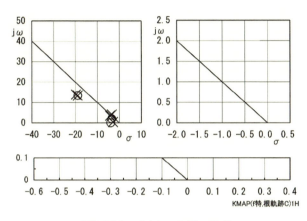

図5.6(e)　ϕ/ϕ_{cmd} の極・零点

図5.6(f) および図5.6(g) は，エルロン系およびラダー系のオープンループの周波数特性である．これから，安定余裕量をまとめると表5.6(a) のようになる．

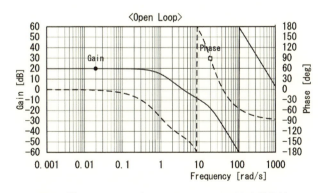

図5.6(f)　エルロン系オープンループの周波数特性

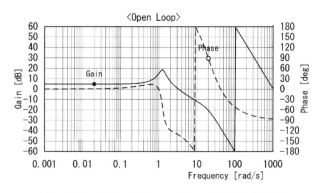

図5.6(g)　ラダー系オープンループの周波数特性

表5.6(a)　安定余裕

	ゲイン余裕（dB）	位相余裕（deg）
エルロン系	8	44
ラダー系	11	48

　図5.6(h)は，機体右横からの外乱vgに対するロール角の応答のゲインと位相である．伝達関数がスカラーであるので，このゲインは特異値に等しく，その最大値H_∞ノルムはこのケースでは-10dBとなっており，**設計目的②が実現されている**ことがわかる．

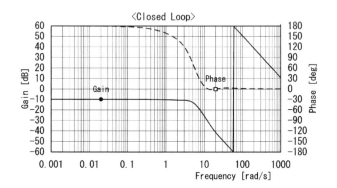

図5.6(h)　外乱特性ϕ/vgの周波数特性

例題5.6 ロール角制御系2（時間遅れ有）の安定化と外乱低減　　113

　図5.6(i) は，$t=2\sim14$秒にロール角8°コマンドを入れ，さらに$t=20\sim25$秒に右から外乱20ktが入力された場合のシミュレーション結果である．例題4.4に比較して，ロール角コマンドにロール角が追従しており，また外乱応答もロール角の変動が小さくなっていることがわかる．

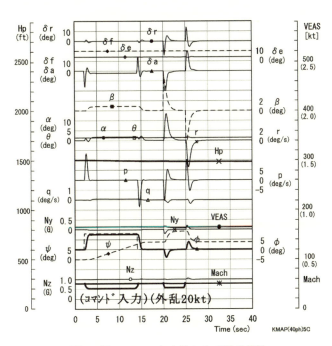

図5.6(i)　コマンド応答および外乱特性

114 第5章　KMAP ゲイン最適化による多目的制御設計

設計結果のまとめを表5.6(b) に示す.

表5.6(b)　設計結果まとめ

		内　容	例題4.4	例題5.6
考慮事項	①	アクチエータ考慮	○	
	②	エルロン，ラダー系に100msの時間遅れ考慮	○	
設計目的	①	振動極を極力左45°ライン上に配置して安定化	○	
	②	外乱からロール角応答の H_∞ ノルムを -10dB 以下		○
制御性能	①	極の減衰比最小値（ζ）	0.70	0.64
	②	ゲイン余裕（エルロン／ラダー）	12/10dB	8/11dB
	③	位相余裕（エルロン／ラダー）	90/58°	44/48°
	④	外乱応答 $\phi/$vg	-2dB	-10dB

次に，KMAP ゲイン最適化法で設計した上記の結果と，以下に示す最適レギュレータの計算結果を比較してみる.

制御系は，同じく図5.6(a) に示したロール角制御系 2（時間遅れ有）である．最適レギュレータは，機体ダイナミクスを全てフィードバックする状態フィードバックを前提としている．すなわち，フィードバックゲインを求める際に，アクチュエータや時間遅れ要素を考慮することはできないので，それらを省略して最適ゲインを計算し，シミュレーション評価時に．アクチュエータと時間遅れを考慮することにする.

機体ダイナミクスおよび評価関数は次式とする.

$$\begin{cases} \dot{x} = Ax + Bu, \quad u = -Gx \\[2mm] y = \begin{bmatrix} \beta \\ \phi \end{bmatrix} = \begin{bmatrix} 1 & 0 & 0 & 0 \\ 0 & 0 & 0 & 1 \end{bmatrix} \begin{bmatrix} \beta \\ p \\ r \\ \phi \end{bmatrix}, \quad J = \int_0^\infty \left(y^T Q_y y + u^T R u \right) dt \\[2mm] \qquad\qquad (Q_y,\ R \text{ は正値対称の重み行列}) \end{cases} \tag{5.2}$$

例題5.6 ロール角制御系2（時間遅れ有）の安定化と外乱低減　　　115

いま，Q_y，Rの重みを次のように仮定したとき，評価関数を最小とする条件からフィードバックゲインを求める．

```
----〈最適レギュレータ〉(重み Qy, R)----
[ 1]....Qy(1,1)=      0.1000000E+01
[ 2]....Qy(2,2)=      0.1000000E+03
[ 3]....R(1,1)=       0.1000000E+01
[ 4]....R(2,2)=       0.1000000E+01
```

このとき，フィードバックゲインが次のように得られる．

$$G_1 = 2.65, \quad G_2 = -1.84, \quad G_3 = -0.527, \quad G_4 = -9.96,$$
$$G_5 = 1.53, \quad G_6 = 0.00757, \quad G_7 = -1.52, \quad G_8 = 0.630$$

図5.6(j)は，機体ダイナミクスに上記ゲインをフィードバックした状態でのコマンドに対するロール角の極・零点である．安定な極配置となっていることがわかる．

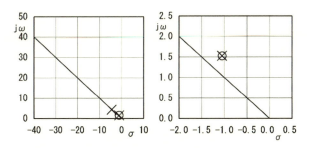

図5.6(j)　ϕ/ϕ_{cmd}の極・零点（最適レギュレータ）
　　　　　（機体ダイナミクスのみ）
（CDES.最適レギュレータ.ロール角制御 C1.Y171004.DAT）

これに対して，図5.6(k) は，図5.6(j) の状態にアクチュエータと時間遅れ100msを追加した場合の極・零点配置である．振動極が不安定になっていることがわかる．図5.6(ℓ) にシミュレーション結果を示すが，約1Hzの振動が発生していることが確認できる．

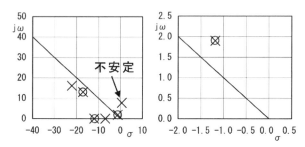

図5.6(k)　ϕ/ϕ_{cmd}の極・零点（最適レギュレータ）
（アクチュエータと時間遅れ100ms考慮）
（CDES．最適レギュレータ．ロール角制御 C3.Y171004.DAT）

例題5.6　ロール角制御系2（時間遅れ有）の安定化と外乱低減　　　117

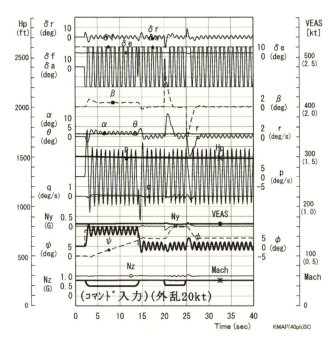

図5.6(ℓ)　ϕ/ϕ_{cmd}の極・零点（最適レギュレータ）
（アクチュエータと時間遅れ100ms 考慮）

　このように，最適レギュレータは機体ダイナミクス以外は考慮できないため，実際の制御系として考慮が必要なアクチュエータや時間遅れなどを性能評価時に考慮すると，制御系が大幅に劣化する可能性がある．これを回避するには，最適レギュレータ計算時の重みを試行錯誤的に変更して繰り返す必要がある．
　これに対して，本例題で述べたように，KMAPゲイン最適化法を用いると，アクチュエータや時間遅れを考慮した状態で，最適なフィードバックゲインを求めることができる．

【例題5.7】 ホバリング飛行体（先端質量変化前後）の同時安定化

図5.7(a) は，推力ベクタリングによってホバリングしている飛行体である．先端の質量が変化する前と変化した後の場合を，同時安定化する制御系を設計せよ．

ただし，傾き角を θ，推力ベクタリング角を δ とし，質量 m，距離 l，重心まわりの慣性モーメント I は次の値とする．

〈先端質量が変化前〉

質量 $m = 3.0(\text{kg})$，距離 $l = 1.0(\text{m})$，慣性モーメントは $I = 3.5(\text{kg} \cdot \text{m}^2)$，

〈先端質量が変化後〉

質量 $m = 4.0(\text{kg})$，距離 $l = 1.3(\text{m})$，慣性モーメントは $I = 5.0(\text{kg} \cdot \text{m}^2)$，

とする．

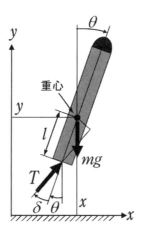

図5.7(a)　ホバリング飛行体

ホバリング飛行体の運動方程式は次のように表される[55]．

$$\begin{bmatrix} \dot{x} \\ \dot{\theta} \\ \ddot{x} \\ \ddot{\theta} \end{bmatrix} = A_p \begin{bmatrix} x \\ \theta \\ \dot{x} \\ \dot{\theta} \end{bmatrix} + B_2 \delta \tag{5.3}$$

例題5.7 ホバリング飛行体（先端質量変化前後）の同時安定化

ここで，右辺の行列は次のようである．

$$A_p = \begin{bmatrix} 0 & 0 & 1 & 0 \\ 0 & 0 & 0 & 1 \\ 0 & g & 0 & 0 \\ 0 & 0 & 0 & 0 \end{bmatrix}, \quad B_2 = \begin{bmatrix} 0 \\ 0 \\ g \\ -\dfrac{mgl}{I} \end{bmatrix} \tag{5.4}$$

いま，m, l, I の値を挿入すると，次のようになる．

〈先端質量が変化前〉

$$A_p = \begin{bmatrix} 0 & 0 & 1 & 0 \\ 0 & 0 & 0 & 1 \\ 0 & 9.8 & 0 & 0 \\ 0 & 0 & 0 & 0 \end{bmatrix}, \quad B_2 = \begin{bmatrix} 0 \\ 0 \\ 9.8 \\ -8.40 \end{bmatrix} \tag{5.5}$$

〈先端質量が変化後〉

$$A_p = \begin{bmatrix} 0 & 0 & 1 & 0 \\ 0 & 0 & 0 & 1 \\ 0 & 9.8 & 0 & 0 \\ 0 & 0 & 0 & 0 \end{bmatrix}, \quad B_2 = \begin{bmatrix} 0 \\ 0 \\ 9.8 \\ -10.2 \end{bmatrix} \tag{5.6}$$

制御系は，図5.7に示すように，ホバリング飛行体の状態変数4個全てをフィードバックして安定化を図ることを考える．状態変数Z6～Z9に対するゲインはH_1～H_4である．

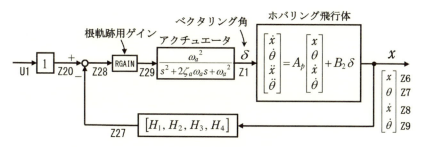

図5.7(b) ホバリング飛行体の制御系（状態フィードバック）

（1） 先端質量が変化前の単独での安定化

先端質量が変化前の単独の場合について，制御系の考慮事項と設計目的は次とする．

考慮事項	①	アクチュエータを考慮
設計目的	①	振動極を極力左45°ライン上に配置して安定化

KMAPゲイン最適化法によって，変数 H301 = 1 として，フィードバックゲインが次のように得られる．

$$H_1 = -0.854, \quad H_2 = -5.02, \quad H_3 = -0.832, \quad H_4 = -1.877$$

探索された最適ゲインを用いて，根軌跡を表示すると図5.7(c) のようになる．図5.7(d) は，$\theta/U1$の極・零点配置である．極が左半面45°ライン上の非常に安定な位置に配置されており，**設計目的①が実現されている**ことがわかる．

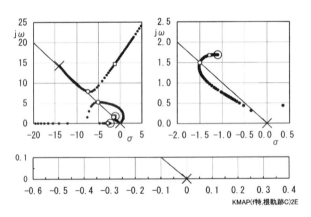

図5.7(c)　根軌跡（先端質量が変化前単独）
（EIGE.ホバリング(状態 FB41).Y171231.DAT）

例題5.7 ホバリング飛行体（先端質量変化前後）の同時安定化　　　121

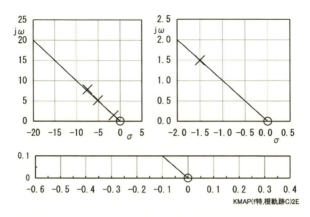

図5.7(d) $\theta/U1$の極・零点（先端質量が変化前単独）

　図5.7(e)は，外部入力時のシミュレーションである．入力の後，角度θ，位置xともに元の状態に戻っていることがわかる．

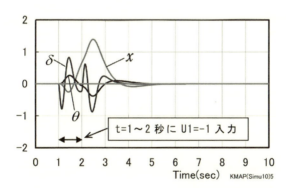

図5.7(e) シミュレーション（先端質量が変化前単独）

（2） 先端質量が変化後の単独での安定化

先端質量が変化後の単独の場合について，制御系の考慮事項と設計目的は次とする．

考慮事項	①	アクチュエータを考慮
設計目的	①	振動極を極力左45°ライン上に配置して安定化

KMAP ゲイン最適化法によって，変数 H302 = 1 として，フィードバックゲインが次のように得られる．

$$H_1 = -0.738, \quad H_2 = -3.92, \quad H_3 = -0.697, \quad H_4 = -1.401$$

探索された最適ゲインを用いて，根軌跡を表示すると図5.7(f) のようになる．図5.7(g) は，$\theta/U1$ の極・零点配置である．極が左半面45°ライン上の非常に安定な位置に配置されており，**設計目的①が実現されている**ことがわかる．

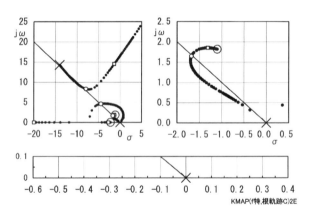

図5.7(f) 根軌跡（先端質量が変化後単独）
（EIGE．ホバリング（状態 FB42）．Y171231．DAT）

例題5.7 ホバリング飛行体（先端質量変化前後）の同時安定化 123

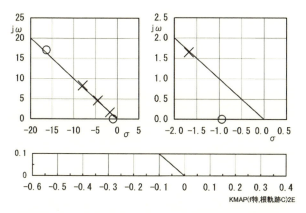

図5.7(g) $\theta/U1$の極・零点（先端質量が変化後単独）

図5.7(h)は，外部入力時のシミュレーションである．外乱の後，角度θ，位置xともに元の状態に戻っていることがわかる．先端質量変化前の結果よりも応答量が少し増加している．

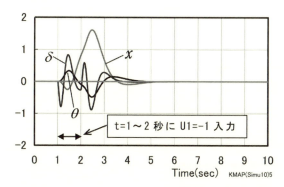

図5.7(h) シミュレーション（先端質量が変化後単独）

（3） 先端質量が変化前後の同時安定化

先端質量が変化前後について，制御系の考慮事項と設計目的は次とする．

考慮事項	①	アクチュエータを考慮
	②	先端質量変更前後の両ケース
設計目的	①	振動極を極力左45°ライン上に配置して同時安定化

KMAPゲイン最適化法によって，変数 H300＝1 として，同時安定化のフィードバックゲインが次のように得られる．

$$H_1 = -0.253, \quad H_2 = -2.96, \quad H_3 = -0.367, \quad H_4 = -1.184$$

同時安定化で探索された最適ゲインを用いて，先端質量変更前の根軌跡を表示すると図5.7(i) のようになる．図5.4(j) は，$\theta/U1$の極・零点配置である．極が左半面45°ライン上の非常に安定な位置に配置されており，**設計目的①が実現されている**ことがわかる．

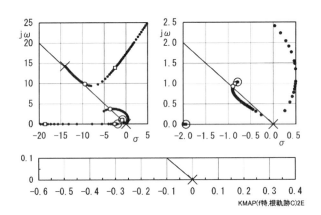

図5.7(i) 根軌跡（先端質量変化前後同時ゲイン）－前状態
（EIGE.ホバリング（状態 FB43）.Y171231.DAT）

例題5.7 ホバリング飛行体（先端質量変化前後）の同時安定化　　　125

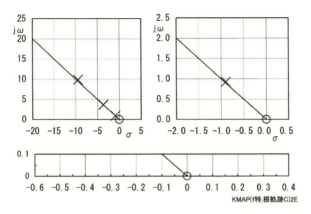

図5.7(j)　$\theta/U1$の極・零点（先端質量変化前後同時）－前状態

図5.7(k)は，外部入力時のシミュレーションである．外乱の後，角度θ，位置xともに元の状態に戻っていることがわかる．

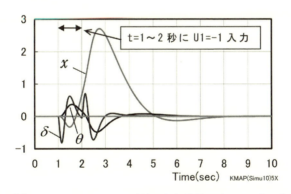

図5.7(k)　シミュレーション（質量変化前後同時ゲイン）－前状態

次に，同時安定化で探索された最適ゲインを用いて，H302＝1として，先端質量変更後の根軌跡を表示すると図5.7(ℓ) のようになる．

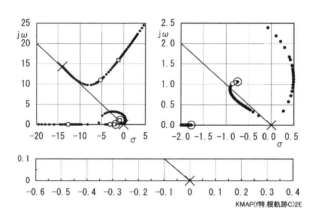

図5.7(ℓ)　根軌跡（先端質量変化前後同時ゲイン）－後状態
（EIGE.ホバリング(状態 FB44).Y171231.DAT）

図5.4(m) は，$\theta/U1$の極・零点配置である．極が左半面45°ラインからやや離れているが，減衰比は0.43あるので**設計目的①は実現されている**と考えられる．

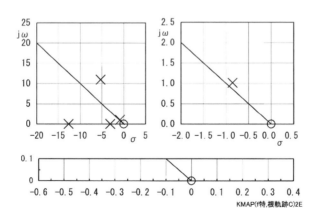

図5.7(m)　$\theta/U1$の極・零点（先端質量変化前後同時）－後状態

例題5.7 ホバリング飛行体（先端質量変化前後）の同時安定化　　　127

図5.7(n) は，外乱入力時のシミュレーションである．外乱の後，角度 θ，位置 x ともに元の状態に戻っていることがわかる．

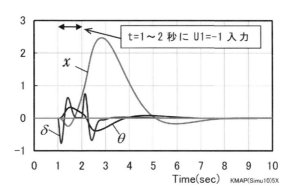

図5.7(n) シミュレーション（質量変化前後同時ゲイン）－後状態

以上の結果をまとめると表5.7(a) のようになる．先端質量変化前と変化後それぞれ単独にゲイン最適化した場合は，変化前および変化後ともに振動極が左45°ライン上に位置して非常に安定な制御系となる．

これに対して，先端質量変化前と変化後の双方同時にゲイン最適化した場合は，変化後の振動極が左45°ライン上からやや離れていることが確認できる．

表5.7(a) 設計結果まとめ

内　容		単独安定化フィードバックゲイン		同時安定化フィードバックゲイン	
考慮事項	① アクチエータ考慮	○			
	② 先端質量変化	変化前	変化後	変化前	変化後
設計目的	① 振動極を極力左45°ライン上に配置して安定化	○			
制御性能	① 極の減衰比最小値（ζ）	0.68	0.69	0.69	0.43
	② ゲイン余裕	7 dB	7 dB	10 dB	8 dB
	③ 位相余裕	24°	25°	32°	32°
	④ 外乱応答 $\theta/U1$	－5 dB	－3 dB	－4 dB	－5 dB

【例題5.8】 ロール角制御系1の極の実部領域を指定して安定化

図5.8(a) は，例題4.2と同じ制御系である．ここでは，単に安定だけではなし，同時に極の実部領域を指定して，ゲイン G_p, G_ϕ, $K_{\dot\beta}$, K_β, リードラグ時定数 T_1, T_2 を設計せよ．

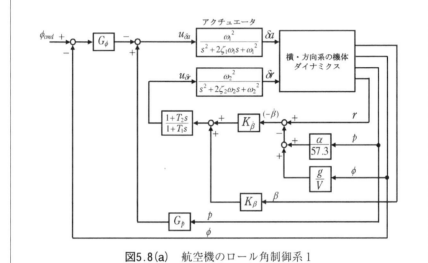

図5.8(a)　航空機のロール角制御系1

ここで用いる航空機は，例題4.2と同じ先尾翼機（10人乗り）である．この先尾翼機に対して，図5.8(a) に示したロール角制御系1を設計する．ここで，決めるべきゲインおよび時定数は，G_p, G_ϕ, $K_{\dot\beta}$, K_β, T_1, T_2 の6個である．

ここでは，制御系の考慮事項と設計目的として次を考える．

考慮事項	①	アクチュエータを考慮
設計目的	①	振動極を極力左45°ライン上に配置して安定化
	②	極の実部領域を指定する（$\sigma \leq -3$）

← (例題4.2に追加)

例題5.8 ロール角制御系1の極の実部領域を指定して安定化

ここで，設計目的①，②に示す極の領域を図5.8(b) に示す．

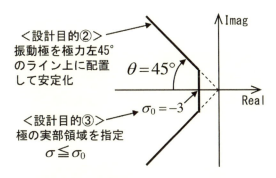

図5.8(b)　設計目的①，②の極の領域

この設計目的をKMAPゲイン最適化によって実現する．決めるべきゲインおよび時定数の組み合わせを設定して制御系の極を求める．そして，設計目的②を満足する組み合わせの中から，設計目的①の (5.1)式の評価関数を最小とするものを解とする．その結果，ゲインおよび時定数が次のように得られる．

$G_p = 1.609$, $G_\phi = 7.36$, $K_{\dot{\beta}} = 1.249$, $K_\beta = 8.28$, $T_1 = 0.1947$, $T_2 = 0.500$

図5.8(c) は，探索時の極の状況である．図中の●の点が最適な極位置を表す．探索された最適ゲインを用いて，根軌跡を表示すると図5.8(d) のようになり，極が左45°ライン上近くに移動している．小さな○印はゲインを1倍にした場合，小さな□印はゲインを2倍にした場合であるが，いずれも安定であることがわかる．図5.8(e) に ϕ/ϕ_{cmd} の極・零点を示すが，振動極が左45°ライン上近くにあり，**設計目的①が達成されている**ことが確認できる．また，極の実部が－3以下になっており，**設計目的②も達成されている**ことが確認できる．

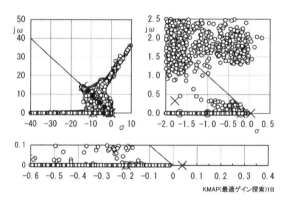

図5.8(c) 最適ゲイン探索結果
(CDES.多目的飛行制御.ロール角制御 B1B.Y180109.DAT)

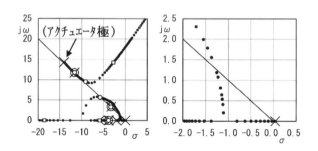

図5.8(d) エルロン系の根軌跡

例題5.8　ロール角制御系1の極の実部領域を指定して安定化　　　131

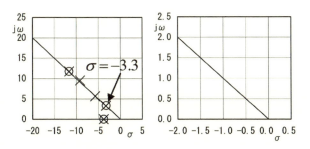

図5.8(e)　ϕ/ϕ_{cmd} の極・零点

　図5.8(f) は，$t = 2 \sim 15$秒にロール角10°コマンドを入れ，さらに$t = 20 \sim 25$秒に右から外乱20ktが入力された場合のシミュレーション結果である．安定は十分であり，例題4.2に比較して，外乱入力に対するロール角が非常に小さくなっていることが確認できる．

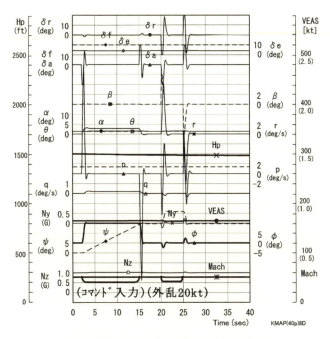

図5.8(f)　コマンド応答および外乱特性

132　　第5章　KMAP ゲイン最適化による多目的制御設計

表5.8(a)　設計結果まとめ

		内　容	例題4.2	例題5.8
考慮事項	①	アクチエータ考慮	○	
設計目的	①	振動極を極力左45°ライン上に配置して安定化	○	
	②	極の実部領域を指定する（$\sigma \leqq -3$）		○
制御性能	①	極の実部の最大値（σ）	-0.22	-3.3
	②	ゲイン余裕（エルロン／ラダー）	21/22dB	11/15dB
	③	位相余裕（エルロン／ラダー）	64/69°	42/49°
	④	外乱応答 ϕ/vg	$-9\,\mathrm{dB}$	$-20\mathrm{dB}$

付録A　ラプラス変換と伝達関数

　一般的に制御系の問題は，次のような時間領域における連立微分方程式を解く必要がある．状態変数2個の場合について具体的な扱い方について述べる．

$$\begin{cases} \dot{x}_1(t) = a_{11}x_1(t) + a_{12}x_2(t) + b_1u(t) \\ \dot{x}_2(t) = a_{21}x_1(t) + a_{22}x_2(t) + b_2u(t) \end{cases} \tag{A.1}$$

ここで，$\dot{x} = dx/dt$ と略記している．(A.1)式は線形の微分方程式であるので解析的に解を得ることは可能であるが，時間領域で解を求めることは複雑である．そこで，**ラプラス変換**という手法を用いて時間空間から複素数のラプラス空間に持ち込むと，連立微分方程式が単なる連立1次方程式に変換でき，その取り扱いが容易になる．

　ラプラス変換とは，$t \geq 0$ で定義される時間関数 $f(t)$ に対して，次式

$$F(s) = \int_0^\infty f(t)e^{-st}dt \tag{A.2}$$

で定義される複素数 s の関数 $F(s)$ で表すことである．このラプラス変換は，数学的には複素数を用いた難しい理論であるが，実際に制御に使われるラプラス変換としては表A.1に示す変換表だけで十分である．時間空間における微分方程式である (A.1)式をラプラス変換すると，時間空間からラプラス空間に変換されてその取り扱いが容易になるが，その理由を次に示す．いま，(A.1)式の微分方程式の右辺の x_1 を変位と仮定すると，左辺の $\dot{x}_1$ は速度であり，変位と速度とは全く独立した状態量であるために時間空間においては両者をまとめることはできない．これに対して，表A.1に従って (A.1)式を初期値は0と仮定してラプラス変換すると，次のようにラプラス空間上の関係式に変換される．

$$\begin{cases} sX_1(s) = a_{11}X_1(s) + a_{12}X_2(s) + b_1U(s) \\ sX_2(s) = a_{21}X_1(s) + a_{22}X_2(s) + b_2U(s) \end{cases} \quad (A.3)$$

ここで，$X_k(s)$ および $U(s)$ は $x_k(t)$ および $u(t)$ のラプラス変換である．

表 A.1　制御に必要なラプラス変換表

時間関数 $f(t)$	ラプラス変換 $F(s)$
時間微分　$\dfrac{df(t)}{dt}$	$sF(s)$，ただし $f(0) = 0$
時間積分　$\displaystyle\int_0^t f(\tau)d\tau$	$\dfrac{1}{s}F(s)$
初期値の定理　$\displaystyle\lim_{t \to 0} f(t)$	$\displaystyle\lim_{s \to \infty} sF(s)$
最終値の定理　$\displaystyle\lim_{t \to \infty} f(t)$	$\displaystyle\lim_{s \to 0} sF(s)$

ラプラス変換された（A.3)式においては，左辺と右辺の $X_k(s)$ は同じものとなるので，次のようにまとめることができる．

$$\begin{cases} (s - a_{11})X_1(s) - a_{12}X_2(s) = b_1U(s) \\ -a_{21}X_1(s) + (s - a_{22})X_2(s) = b_2U(s) \end{cases} \quad (A.4)$$

すなわち，この式は単なる連立 1 次方程式であるので，次のように行列で表すことができる．

$$\begin{bmatrix} s - a_{11} & -a_{12} \\ -a_{21} & s - a_{22} \end{bmatrix} \cdot \begin{bmatrix} X_1(s) \\ X_2(s) \end{bmatrix} = \begin{bmatrix} b_1 \\ b_2 \end{bmatrix} U(s) \quad (A.5)$$

これから，$X_1/U(s)$ および $X_2/U(s)$ が次のように得られる．

$$\frac{X_1(s)}{U(s)} = G_1(s) = \frac{\begin{vmatrix} b_1 & -a_{12} \\ b_2 & s - a_{22} \end{vmatrix}}{\begin{vmatrix} s - a_{11} & -a_{12} \\ -a_{21} & s - a_{22} \end{vmatrix}},$$

$$\frac{X_2(s)}{U(s)} = G_2(s) = \frac{\begin{vmatrix} s - a_{11} & b_1 \\ -a_{21} & b_2 \end{vmatrix}}{\begin{vmatrix} s - a_{11} & -a_{12} \\ -a_{21} & s - a_{22} \end{vmatrix}} \quad (A.6)$$

この式の $G_1(s)$ および $G_2(s)$ は，入力に対する出力のラプラス変換の比であ

付録A　ラプラス変換と伝達関数　　　　135

り**伝達関数**といわれる．この例でわかるように，ラプラス変換を用いると
(A.1)式の連立微分方程式が，(A.4)式の連立1次方程式に変換され，その結
果 (A.6)式の伝達関数という形で簡単に解を得ることができる．

(A.6)式の伝達関数の分母を零とおいた次式は**特性方程式**と呼ばれる．

$$\begin{vmatrix} s - a_{11} & -a_{12} \\ -a_{21} & s - a_{22} \end{vmatrix} = s^2 - (a_{11} + a_{22})s + (a_{11}a_{22} - a_{12}a_{21}) = 0 \tag{A.7}$$

特性方程式は，(A.6)式の伝達関数 $G_1(s)$ および $G_2(s)$ に共通な方程式であ
り，(A.7)式を解いた s の値を**特性根**または**極**と呼ぶ．特性根と呼ばれるのは，
ラプラス平面上の特性根の位置（極配置）が (A.1)式のシステムの基本的な
特性を決めるからである．

(A.6)式の伝達関数の分子を零として解いた s の値を**零点**と呼ぶ．零点は伝
達関数毎に異なり，ラプラス平面上の零点の位置が伝達関数で表される状態変
数の応答特性を決める．すなわち，伝達関数で表されるシステムの特性は，ラ
プラス平面上の**極・零点配置**によって決定される．

時間領域での入力 $u(t)$ を決めると，ラプラス変換した $U(s)$ が決まり，こ
のときの状態変数 X_1 および X_2 は，伝達関数に入力 U を掛けることで次のよ
うに得られる．

$$X_1(s) = G_1(s) \cdot U(s), \quad X_2(s) = G_2(s) \cdot U(s) \tag{A.8}$$

こうして求められた s の関数の状態変数 X_1 および X_2 がどのような特性で
あるかを知る方法としては，時間空間に逆変換して $x_1(t)$ および $x_2(t)$ を求め
る方法と，s の関数のまま解析する方法とがある．ラプラス逆変換して時間応
答を求める方法は，複雑な作業であり，単に時間応答のみを求めるならば連立
微分方程式から直接シミュレーションを実施した方が良い．また時間応答を眺
めていてもなぜそのような特性になっているのかを理解するのは難しい．これ
に対して，s の関数のまま解析する方法は，制御性能を定量的に把握できるの
で便利である．

付録B　制御解析ツールについて（参考）

B.1　全般

　本書の解析には"**KMAP（ケーマップ）**"という解析ツールを用いたので，紹介しておく．KMAPとは"Katayanagi Motion Analysis Program"の略で，当初は航空機の運動解析用に開発されたソフトウェアであるが，その後逐次バージョンアップする形で，制御系設計ツールとして発展したものである．KMAPは，制御系の状態方程式や制御ブロック図等の入出力データをZ変数にて情報を受け渡すことで制御系を構成して解析を行っていく．具体的には，ブロック図は基本伝達関数によって構成され，これらの各要素の入出力にZ変数が割り当てられる．これらの各要素をどのようにつなぐかの情報をインプットデータとして設定する．こうして構成された制御系は，種々のKMAPツールを用いてシステム解析を実行することができる．

B.2　伝達関数表現による制御系解析

　伝達関数表現による制御系の構成と解析方法について述べる．

■ KMAP の起動
　C:¥KMAP フォルダ内にある，"**KMAP＊＊＊実行スタートファイル.BAT**"（＊＊＊はバージョン番号）のバッチファイルをダブルクリックすると，解析プログラム KMAP が起動して，下記に示すように，解析内容選択メニューが表示される．

解析方法には，大きく2つの解析方法がある．従来型の逐次キーイン方式と飛行機の自動化解析である．従来型の逐次キーイン方式では，さらに選択メニューで，1と2は航空機，3は水中ビークル，4は一般制御関係，5は工作機械である．（6と7は特殊の目的であるので省略）

飛行機の自動化解析は"23"とキーインすることで開始される．これは，従来型の"2（CDES）"のケースに相当するもので，キーインを極力少なくしたものである．

```
#########################〈KMAP*** 解析内容選択〉#########################
##                                                          (2018.*.*)    ##
## ●従来型のキーイン方式による各種 KMAP 解析                                  ##
##   1：「一般」(下記以外) ⇒ 航空機の運動・制御系解析，スピン運動              ##
##   2：「CDES」          ⇒ 航空機(含む機体形状データ)の解析                ##
##   3：「CDES.WAT」       ⇒ 水中ビークルの運動・制御系解析                   ##
##   4：「EIGE」          ⇒ 基礎的な制御，振動，最適化，                    ##
##                          ロボットの制御，自動車の制御，船の制御           ##
##   5：「EIGE.MEC」       ⇒ 工作機械の制御解析                            ##
##   6：「HAYA」          ⇒ キーインなしで航空機シミュレーション             ##
##   7：シミュレーションデータの保存と加工                                   ##
##   -----------------------------------------------------------------    ##
##   11：有限要素法(FEM)による構造物の弾性解析      (参考図書⑥参照)           ##
##   12：差分法(FDM)による流体，熱の流れの解析      (参考図書⑥参照)           ##
##   13：飛行機の翼理論，2次元ポテンシャル流厳密解(参考図書⑮参照)            ##
##=========================================================##
## ●飛行機(CDES)の自動化解析(新規)                                        ##
##   23：解析スタート     ⇒ 保存リストをコピーしてデータ新規作成            ##
##                                                                       ##
##=========================================================##
##   (20：自動化解析の説明)                                              ##
##   (86：参考図書，87：KMAP 変更内容の履歴，88：注意事項の表示)             ##
##   -----------------------------------------------------------------    ##
##   9：終了                                                            ##
#########################################################
●上記の番号を選択  -->4
```

ここで，"4"とキーインする．

■データファイルの利用方法

インプットデータは DAT ファイルである．解析は，この DAT ファイルを読み込むことで実施される．ユーザーがこのインプットデータを全く最初から作るのは大変（ミスが入り込むことが多い）なので，下記に示す"3"の「例題ファイルをコピー利用して新規作成」するのがよい．

付録B　制御解析ツールについて（参考）　139

なお，"2"は一度作成したものをコピー利用して新規作成する場合，また
"1"は一度作成したものを直接解析していく場合である．

```
*********************************〈データファイル利用方法〉********************************
*   1：既存のファイルでそのまま解析実行                                              *
*   2：既存のファイルをコピー利用して新規作成                                        *
*   3：例題ファイル(下記にリスト表示される)をコピー利用して新規作成                   *
*                                                                                    *
*   (-1)：(戻る)                                                                      *
*=================================================================================*
*   pdf 資料(表示)                                                                   *
*      101：KMAP の関数(一覧表)                                                      *
*      102：KMAP の関数(説明書)                                                      *
*      103：機体データ E や一般的注意事項など                                        *
*********************************************************************************
(不明時は3を入力)

●上記利用方法　1〜を選択　-->3
```

ここで，"3"とキーインする．

■例題ファイル群を選択する

例題ファイルが分類されているので，適切な例題群を選択する．

```
〈下記の例題ファイルから番号を選択しコピーして使う〉
  (次の分類から選んでください)
    1：KMAP による制御工学演習(産業図書，2008)の例題
    2：KMAP による工学解析入門(産業図書，2011)の例題
        第2章：制御工学の解析法
        第3章：振動工学の解析法
        第7章：最適化の解析法
    3：機械システム制御の実際(産業図書，2013)の例題
        第2章：基礎的な制御問題
        第4章：ロボットの制御
        第6章：自動車の制御
        第7章：船の制御
    4：例題で学ぶ航空制御工学(技報堂出版，2014)の例題
    5：設計法を学ぶ飛行機の安定性と操縦性(成山堂書店，2015)の例題
    6：「概念設計および演習」関連の例題
    7：振動工学の問題集
    8：微分方程式の初期値問題
    9：多目的飛行制御設計
  (-1)：(戻る)
=================================================================================
(不明時は1を入力)

●EIGE 解析の細部分類　1〜を選択　-->3
```

ここで，例として，"3"とキーインする．

■例題ファイル群から例題をコピー利用する

```
-----参考図書⑪　機械システム制御の実際(産業図書，2013)の例題より
　　(第2章：基礎的な制御問題)
 1 ：(EIGE.PRB1A.DAT)　　　1次遅れ
 2 ：(EIGE.PRB1B.DAT)　　　リードラグ
 3 ：(EIGE.PRB1C.DAT)　　　ハイパス
 4 ：(EIGE.PRB1D.DAT)　　　積分
 5 ：(EIGE.PRB1E.DAT)　　　2次遅れ
 6 ：(EIGE.PRB1F.DAT)　　　1次／2次
 7 ：(EIGE.PRB1G.DAT)　　　2次／2次(ノッチフィルタ)
　　(以下省略)
(-1)：(戻る)
================================================================
(不明時は1を入力)

●上記ファイルをコピー利用する，1～の番号を選択　-->1
```

ここで，例として，"1"とキーインする.

■コピーしたファイルにファイル名をつける

```
**********************〈新しいファイル名入力してください〉**********************
*　(現在のファイル名)：EIGE.PRB1A.DAT　　　　　　　　　　　　　　　　　　　*
*　　　　　　　　入力例：EIGE.○○○.DAT(○○○のみ記入，文字数は任意)　　　*
****************************************************************************

●新しいファイル名を入力　(不明時は0入力)(-1は戻る)　-->0
```

ここで，最も簡単なファイルとして，"0"とキーインしておく.

■コピーしたファイルを修正する

　例題をコピーして新しくファイル名を付けたインプットデータは，下記の
データ修正メニューを用いて修正していく.

　まず，"1"にて現状の制御則を確認する.修正方法は後述する.なお，
KMAPゲイン最適化を行う場合は，一度この"1"で制御則を表示する.メ
ニューの"2"～"7"は必要に応じて使用する.

付録B　制御解析ツールについて（参考）　　141

```
****************************〈〈（インプットデータ修正）〉〉****************************
 1 ＝ 制御則
     （・KMAP ゲイン最適化を行う場合は "1" を選択してください.           ）
  2 ＝ 状態方程式次元（現状の次元数 NXP=0）
     （・NXP＞0のときは，Z1，Z3，Z5が制御入力，Z6〜（NXP 個）は状態変数  ）
     （・NXP=0のときは，Z1〜全て通常の Z 変数として利用できる           ）
  3 ＝ 外部入力
     （・U1，U3，U5を時間の折れ線関数として設定して利用できる           ）
     （・シミュレーション時は，U1，U3，U5が同時に入力される             ）
  4 ＝ デバッグ時間（制御則部）
     （・シミュレーション時に各状態変数を0.1秒毎に表示する開始時間        ）
  5 ＝ シミュレーション計算時間（現状 TMAX=0.4000E+02秒）
  6 ＝ インプットデータのタイトル
  7 ＝ 補間関数

参考（① Z500，X50，H500，U40，R40，E80，D4まで可能. 制御則は900行まで可能.  ）
     （②変数 Z は，リミッタ関数以外は2回以上定義しないこと.              ）
     （③外部入力は U1，U3，U5，状態方程式（次元数 NXP≠0）の制御入力は Z1，Z3，Z5. ）
     （④状態方程式を用いる（NXP≠0）場合は，Zi（i=6+NXP）〜，Ri（i=6+NXP）〜使用可能.）
     （⑤状態方程式を用いない（NXP=0）場合は，Z1〜，R6〜使用可能.         ）
****************************************************************************

●何を修正しますか？　（番号キーイン），修正なし（完了）= 0
1
```

ここで，"1" とキーイする.

■インプットデータ内の制御則の表示

　例題をコピーしたインプットデータのリストが表示される. この例は，時定数0.5秒の1次遅れ形である.

　下記リストで，一番左は行番号，その右は数式処理内容（；で終了），その右の "H0" は一般変数 H の番号，その右はゲイン（G の値）である. それより右は自動的に表示されるものである. その中の最初は数式処理の関数番号である.

　なお，"//" の行はコメント文で，解析には影響しない. 次に示す例題では，解析に関係するのは□で囲った部分である.

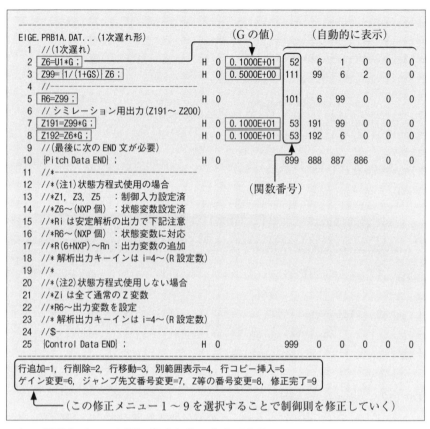

この例題をブロック図に書くと次のようである．

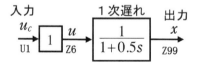

図 B2.1　例題のブロック図

ブロック図を構成する各要素の入出力に，UおよびZ変数を割り付け，その変数番号をつなげることで制御則を構成する．

ここで，練習のため，本制御則の一部を削除してから，制御則を再生してみる．

付録B　制御解析ツールについて（参考）　　　　　143

■制御則修正の練習

① 練習のため，制御則の2～5行目を削除してみよう．上記修正メニューの"2"（行削除）を選択し，削除開始行を"2"，削除終了行を"5"とキーインすると，次のように表示される．

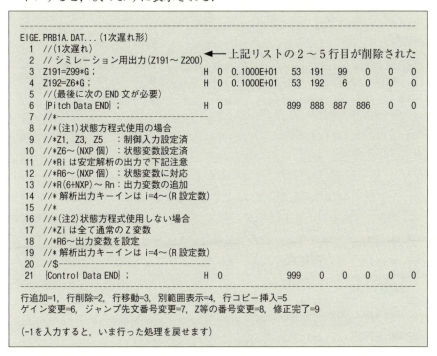

② ここで新たに，本問題の制御則（下記）を書き込んでみる．

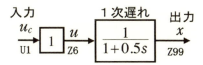

ブロック図の入力 u_c は，インプットデータの最初の部分に時間関数として記述されているもので，その情報がU1に入ってくる．そこで，制御則には

U1に1.0をかけて Z6とする

という処理を書き込む．具体的には次のように行う．上記修正メニューで

　　"1"をキーイン（行追加）

　　"1"をキーイン（1行目の後に追加する）

　このとき，「●メニュー表示」と〈制御式の入力〉欄が次のように表示される．

```
*****************************************(Q4)*****************************************
 (●メニュー表示 ⇒ QD：[代入], Q+：[足し算], Q-：[引き算], Q*：[かけ算],        )
 ( Q/：[割り算], QF：[フィルタ], QG：[行列], QL：[リミッタ, R], QM：[モーメント],)
 ( QS：[数学], QK：[根軌跡], QJ：[Z時間変化], QT：[GOTO文], QA：[飛行機]          )
 (●その他の関数表示は"FO"を，制御則を表示するには"P"をキーイン.               )
 ------------------------------------------------------------------------------------
  1  //(1次遅れ)
 〈制御式の入力〉
```

③ ここで，「**U1に1.0をかけて Z6とする**」を制御式として挿入するが，「U にゲイン（倍率 G）をかけて Z に挿入する」という関数番号を〈**制御式の入力**〉欄にキーインする．この関数番号は上記の「**●メニュー表示**」の中にある"Q＊"を〈**制御式の入力**〉欄にキーインすると次のように表示される．

```
〈制御式の入力〉
Q*
   [かけ算]     F52  Z1=U2*G ；    F53  Z1=Z2*G ；    F17  H1=H2*G ；
                F74  Z1=Z2*H3 ；   F76  Z1=Z2*E3 ；   F23  H1=H2*H3 ；
〈制御式の入力〉
```

④ ここで，〈**制御式の入力**〉欄に関数番号"**F52**"とキーインして，"6"，"1"，"1"とキーインすると，「**U1に1.0をかけて Z6とする**」という制御則の2行目が書き込まれる．

付録B　制御解析ツールについて（参考）　　145

```
--------------------------------------------------------------------
EIGE. PRB1A. DAT. . . (1次遅れ形)
  1  //(1次遅れ)
  2  Z6=U1*G ;                    H  0  0.1000E+01   52    6    1    0    0    0
  3  //シミレーション用出力(Z191～Z200)
  4  Z191=Z99*G ;                 H  0  0.1000E+01   53  191   99    0    0    0
  5  Z192=Z6*G ;                  H  0  0.1000E+01   53  192    6    0    0    0
  6  //(最後に次のEND文が必要)
  7  [Pitch Data END] ;           H  0               899  888  887  886    0    0
     (以下省略)
--------------------------------------------------------------------

●その行の後に，行追加を続けますか？　Yes=1, No=0
```

⑤　「**行追加を続けますか？**」と表示されているので，"1"として，再び上記の「**●メニュー表示**」の中の"**QF**"とキーインすると次のように表示される.

```
〈制御式の入力〉
QF
  [フィルタ]  F110  積分 ;          F119  (S+G1)/S ;      F111  1次遅れ ;
            F112  ハイパス ;       F113  リードラグ ;     F121  2次遅れ ;
            F122  (s+G3)/2次 ;    F123  2次/2次 ;       F124  レート制限2次遅れ ;
            F114  時間遅れ ;
  (注意)積分フィルタ(F110, F119)は出力がリミッターにかかる場合は下記の処置要.
     ⇒F110は入力を0にする. F119は使用しないで比例要素とF110を用いる.
〈制御式の入力〉
```

⑥　ここで，"**F111**"とキーインして，Z番号を"**99**"，"**6**"，時定数を"**0.5**"とキーインすれば，次のように3行目に「$Z99=\{1/(1+GS)\}Z6$;」が挿入できる.

```
--------------------------------------------------------------------
EIGE. PRB1A. DAT. . . (1次遅れ形)
  1  //(1次遅れ)
  2  Z6=U1*G ;                    H  0  0.1000E+01    52    6    1    0    0    0
  3  Z99= [1/(1+GS)] Z6 ;         H  0  0.5000E+00   111   99    6    2    0    0
  4  //シミレーション用出力(Z191～Z200)
  5  Z191=Z99*G ;                 H  0  0.1000E+01    53  191   99    0    0    0
  6  Z192=Z6*G ;                  H  0  0.1000E+01    53  192    6    0    0    0
  7  //(最後に次のEND文が必要)
  8  [Pitch Data END] ;           H  0               899  888  887  886    0    0
     (以下省略)
--------------------------------------------------------------------

●その行の後に，行追加を続けますか？　Yes=1, No=0
```

⑦ 「行追加を続けますか？」と表示されているので，"1"として，〈**制御式の入力**〉欄に"//"とキーインするとコメント行次のように表示される

```
---------------------------------------------------------------------
EIGE. PRB1A. DAT... (1次遅れ形)
  1  //(1次遅れ)
  2  Z6=U1*G ;                       H  0  0.1000E+01   52    6    1    0    0    0
  3  Z99={1/(1+GS)} Z6 ;             H  0  0.5000E+00  111   99    6    2    0    0
  4  //
  5  // シミレーション用出力(Z191～ Z200)
  6  Z191=Z99*G ;                    H  0  0.1000E+01   53  191   99    0    0    0
  7  Z192=Z6*G ;                     H  0  0.1000E+01   53  192    6    0    0    0
  8  //(最後に次の END 文が必要)
  9  {Pitch Data END} ;              H  0                    899  888  887  886    0    0
     (以下省略)
---------------------------------------------------------------------

●その行の後に，行追加を続けますか？  Yes=1,  No=0
```

⑧ 「行追加を続けますか？」と表示されているので，"1"として，〈**制御式の入力**〉欄に，安定解析用応答 R の設定関数"**F101**"をキーインして，"99"，"6"とすると，次のように表示される

```
---------------------------------------------------------------------
EIGE. PRB1A. DAT... (1次遅れ形)
  1  //(1次遅れ)
  2  Z6=U1*G ;                       H  0  0.1000E+01   52    6    1    0    0    0
  3  Z99={1/(1+GS)} Z6 ;             H  0  0.5000E+00  111   99    6    2    0    0
  4  //
  5  R6=Z99 ;                        H  0              101    6   99    0    0    0
  6  // シミレーション用出力(Z191～ Z200)
  7  Z191=Z99*G ;                    H  0  0.1000E+01   53  191   99    0    0    0
  8  Z192=Z6*G ;                     H  0  0.1000E+01   53  192    6    0    0    0
  9  //(最後に次の END 文が必要)
 10  {Pitch Data END} ;             H  0                    899  888  887  886    0    0
     (以下省略)
---------------------------------------------------------------------

●その行の後に，行追加を続けますか？  Yes=1,  No=0
```

⑨ 以上で，制御則が完成したので，"0"，"9"，"0"，"0"，"0"，"0"，"0"とキーインすると，次のように表示される．

入力は U1，U2，U3の 3 つである．1 入力の場合は U1とする．

付録B　制御解析ツールについて（参考）　　　147

```
*****************************(制御系解析メニュー)*****************************
*  1：　U1系　　（f特，根軌跡，極・零点）                                      *
*  3：　U3系　　（f特，根軌跡，極・零点）                                      *
*  5：　U5系　　（f特，根軌跡，極・零点）                                      *
****************************************************************************
（不明時は1入力）

●上記解析メニューから選択してください
```

⑩　ここで，"1"とキーインすると，計算が実行され.〈解析結果の表示〉の画面がでる.

```
$$$$$$$$$$$$$$$$$$$$$$$$$$$〈解析結果の表示〉$$$$$$$$$$$(KMAP116)$$$$$$$$$$$$
$$  0：表示終了(次の解析または終了へ)                                        $$
$$  1：安定解析図(f特，根軌跡)　　　　(Excelを立ち上げてください)              $$
$$　　　(極・零点配置，根軌跡，周波数特性などの図が表示できます)                $$
$$　　　(極・零点の数値データは"9"(安定解析結果)で確認できます)               $$
$$  6：ナイキスト線図　　　　　　　　(Excelを立ち上げてください)              $$
$$  7：シミレーション図(KMAP(Simu))　(Excelを立ち上げてください)             $$
$$　　　(Z191～Z200に定義した値をタイムヒストリー図に表示できます)            $$
$$  9：釣り合い飛行時のデータおよび安定解析結果　(TES13.DAT)                   $$
$$ 10：その他のExcel図，101：KMAP線図(1)，102：KMAP線図(2)                    $$
$$ 14：取り扱い説明書(pdf資料)，(15：インプットデータ表示)，(16：Ap，B2行列表示) $$
$$$$$$$$$$$$$$$$$$$$$$$$$$$$$$$$$$$$$$$$$$$$$$$$$$$$$$$$$$$$$$$$$$$$$$$$$$$$
●上記解析結果の表示 ⇒ 0～を選択　-->
```

さらに，「9：釣り合い飛行時のデータおよび安定解析結果」が次のように自動的に表示される.

```
(安定性解析の入力変数はU1，出力変数はR6～に設定されたZ番号)

****************************************************************************
●出力キーイン：i=4～4の番号入力(状態方程式次元 NXP=0)
***********POLES AND ZEROS***********
POLES(1), EIVMAX=0.2000D+01
  N    REAL        IMAG
  1   -0.20000000D+01  0.00000000D+00
ZEROS(0), II/JJ=4/1, G=0.2000D+01
  N    REAL        IMAG

●この表示を終了する場合 ⇒ 何かキーインして下さい(何でもよい)　-->
```

⑪ ここで，何かキーイン（Enter など）すると，上記の安定解析結果の画面が消える．次に，〈解析結果の表示〉画面で"1"とキーインすると，安定解析用の Excel 図が立ち上がるので，データ更新すると次のように表示できる．

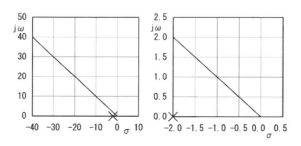

図 B1.2　極・零点

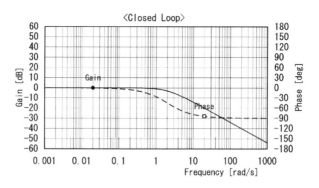

図 B1.3　ボード線図

⑫ 〈解析結果の表示〉画面で"7"とキーインすると,シミュレーション結果が Excel 図をデータ更新して,次のように表示できる.

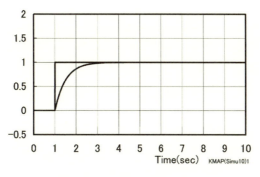

図 B1.4　シミュレーション

⑬ 〈解析結果の表示〉画面で"0","9"とキーインすると終了する.

B.3 状態方程式表現による制御系解析

次の例題を用いて実際の解析方法について述べる.

【例題 B.3】 次の2自由度ばね振動系を安定化する制御系を設計せよ.
ただし,質量 $m_1 = 1$ kg, $m_2 = 10$ kg, ばね定数 $k_1 = 500$ N/m, $k_2 = 1000$ N/m とする.また, $f(t)$ は制御入力である.

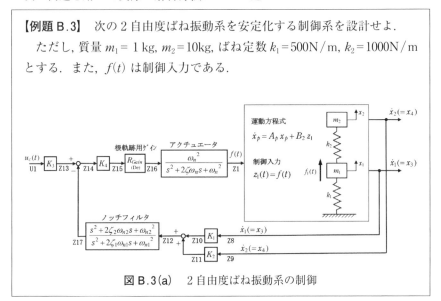

図 B.3(a)　2自由度ばね振動系の制御

■制御対象の2自由度ばね振動系を状態方程式で表す

本例題の場合,制御対象(2自由度ばね振動系)の状態方程式は次式で表される.状態方程式の次元(NXP)は4である.

$$\dot{x}_p = A_p x_p + B_2 z_1 \quad (ここで,\dot{x} は x の時間微分を表す) \quad (B.3\text{-}1)$$

ただし,

$$x_p = \begin{bmatrix} x_1(t) \\ x_2(t) \\ x_3(t) \\ x_4(t) \end{bmatrix}, \quad A_p = \begin{bmatrix} 0 & 0 & 1 & 0 \\ 0 & 0 & 0 & 1 \\ -\dfrac{k_1+k_2}{m_1} & \dfrac{k_2}{m_1} & 0 & 0 \\ \dfrac{k_2}{m_2} & -\dfrac{k_2}{m_2} & 0 & 0 \end{bmatrix}, \quad B_2 = \begin{bmatrix} 0 \\ 0 \\ \dfrac{1}{m_1} \\ 0 \end{bmatrix} \quad (B.3\text{-}2)$$

質量 m_1 および m_2 の速度 $\dot{x}_1(=x_3)$ および $\dot{x}_2(=x_4)$ の状態変数を,ノッチ

付録B　制御解析ツールについて（参考）　　　151

フィルタを介してフィードバックして振動の減衰を良くしようという制御問題である．このように，制御対象を状態方程式で表した場合の状態変数 $x_1(t)$，$x_2(t)$，…と Z 変数との対応は次のようである．

$$x_1(t),\ x_2(t),\ \cdots = Z6,\ Z7,\ \cdots \qquad\qquad\text{(B.3-3)}$$

すなわち，Z6 から状態変数の数（NXP 個）が状態変数に対応しているので，その状態変数をフィードバックする場合には，直ちに Z6〜を用いてフィードバックとして用いることができる．

■ KMAP の起動

B.2項で述べたように「EIGE」解析ルーチンを立ち上げ，インプットデータの次のファイル群を選択する．

> 1：KMAP による制御工学演習（産業図書，2008）の例題

ここで，次の"24"を選択して，新しいファイル名をつける．

> 24：（EIGE.W318.SEIGY024.DAT）状態方程式（Ap，B2行列）+フィードバック

■インプットデータ内の制御則の表示

B.2項で述べたように，インプットデータのリストを表示する．

```
EIGE.W318.SEIGY024.DAT(ばねの2自由度振動+フィードバック+ノッチ)
  1  //AP，B2行列データ設定
  2  H1=G ; (m1)              H  0   0.1000E+01    11    1    0    0    0    0
  3  H2=G ; (m2)              H  0   0.1000E+02    11    2    0    0    0    0
  4  H3=G ; (k1)              H  0   0.5000E+03    11    3    0    0    0    0
  5  H4=G ; (k2)              H  0   0.1000E+04    11    4    0    0    0    0
  6  H5=H3+H4 ;               H  0                 21    5    3    4    0    0
  7  H6=H5/H1 ;               H  0                 24    6    5    1    0    0
  8  H7=H6*G ; -(k1+k2)/m1    H  0  -0.1000E+01    17    7    6    0    0    0
  9  H8=H4/H1 ; (k2/m1)       H  0                 24    8    4    1    0    0
 10  H9=H4/H2 ; (k2/m2)       H  0                 24    9    4    2    0    0
 11  H10=H9*G ; -(k2/m2)      H  0  -0.1000E+01    17   10    9    0    0    0
 12  H11=G ;                  H  0   0.1000E+01    11   11    0    0    0    0
 13  AP(1,3)H11 ;             H  0                621    1    3   11    0    0
 14  AP(2,4)H11 ;  (AP行列の設定) H 0             621    2    4   11    0    0
 15  AP(3,1)H7 ;  (設定していない H  0            621    3    1    7    0    0
 16  AP(3,2)H8 ;  ←            H  0               621    3    2    8    0    0
 17  AP(4,1)H9 ;   要素は0 )   H  0               621    4    1    9    0    0
 18  AP(4,2)H10 ;             H  0                621    4    2   10    0    0
                                                                  (つづく)
```

付録B　制御解析ツールについて（参考）

No.	Code									
19	//(コントロール入力)=(Z1, Z3, Z5)									
20	H12=H11/H1 ; (1/m1)	H	0		24	12	11	1	0	0
21	B2(3,1)H12 ; ◄(B2行列の設定)	H	0		623	3	1	12	0	0
22	//									
23	{Print(AP, B2, CP)} I4, J1, K1 ;	H	0		671	4	1	1	0	0
24	Z10=Z8*G ; (K1)	H	0	0.1000E+01	53	10	8	0	0	0
25	Z11=Z9*G ; (K2)	H	0	0.2000E+01	53	11	9	0	0	0
26	Z12=Z10+Z11 ;	H	0		35	12	10	11	0	0
27	$Z17=|[G3G4]/[G1G2]|\,Z12$;	H	0	0.3000E+00	123	17	12	8	0	0
28		H	0	0.4000E+02	123	0	0	9	0	0
29		H	0	0.1000E+01	123	0	0	0	0	0
30		H	0	0.4000E+02	123	0	0	0	0	0
31	Z13=U1*G ; (K3)	H	0	0.3330E-01	52	13	1	0	0	0
32	Z14=Z13-Z17 ;	H	0		36	14	13	17	0	0
33	Z15=Z14*G ; (K4)	H	0	0.3000E+02	53	15	14	0	0	0
34	//(開ループ, 根軌跡用ゲイン)(De)									
35	Z16={RGAIN(De)} Z15 ;	H	0		301	16	15	0	0	0
36	//(アクチエータ, 2次遅れ)									
37	$Z1=\{G2^2/[G1G2]\}G3\}\,Z16$;	H	0	0.7000E+00	124	1	16	6	0	0
38		H	0	0.5000E+02	124	0	0	7	0	0
39		H	0	0.1000E+04	124	0	0	0	0	0
40	//--------------------------------									
41	// 安定解析出力に追加する場合									
42	// は, 下記にR(6+NXP)~を設定.									
43	// シミレーション用出力(Z191~ Z200)									
44	//(このデータが TES6. DAT に入る)									
45	Z191=Z6*G ; (x1)	H	0	0.1000E+01	53	191	6	0	0	0
46	Z192=Z7*G ; (x2)	H	0	0.1000E+01	53	192	7	0	0	0
47	//(最後に次の END 文が必要)									
48	{Pitch Data END} ;	H	0		899	888	887	886	0	0
49	//*									
50	//*(注1)状態方程式使用の場合									
51	//*Z1, Z3, Z5 :制御入力設定済									
52	//*Z6~(NXP個) :状態変数設定済									
53	//*Ri は安定解析の出力で下記注意									
54	//*R6~(NXP個) :状態変数に対応									
55	//*R(6+NXP)~Rn :出力変数の追加									
56	//* 解析出力キーインは i=4~(R設定数)									
57	//*									
58	//*(注2)状態方程式使用しない場合									
59	//*Zi は全て通常の Z 変数									
60	//*R6~出力変数を設定									
61	//* 解析出力キーインは i=4~(R設定数)									
62	//$--------------------------------									
63	{Control Data END} ;	H	0		999	0	0	0	0	0

行追加=1, 行削除=2, 行移動=3, 別範囲表示=4, 行コピー挿入=5
ゲイン変更=6, ジャンプ先文番号変更=7, Z等の番号変更=8, 修正完了=9

上記制御則において，行列 AP, B2等で定義されたダイナミクスの状態変数 x_i は，Z6，Z7，…（次元数個数）として設定済みであるので，制御則には直接 Z 番号を利用できる．また，変数 Hi は一般変数で種々の途中計算などに

利用できる便利な変数で500個利用できる．Hi にデータを格納しておくと，AP(In, Jm) Hi とすると，Hi の値が AP(In, Jm) に設定される．

なお，図 B.3(a) のブロック図の中で，状態方程式で表した制御対象以外の制御則は，伝達関数で構成されているが，これについては B.2項の「**伝達関数表現による制御系解析**」に述べたので，ここでは省略する．また，解析の実行についても，「伝達関数表現による制御系解析」に述べた方法と基本的に同じであるので省略する．

B.4 航空機の制御系解析

次のピッチ角制御系を例題として，航空機の制御系の解析方法について説明する．

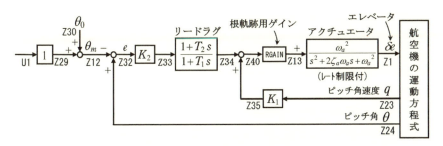

図 B.4(a) 航空機のピッチ角制御系

ここで，U1〜U5，Z1〜Z5は次のように予め設定されている変数である．

U1：ピッチ入力	Z1：エレベータ舵角（deg）
U2：ロール入力	Z2：エルロン舵角（deg）
U3：フラップ入力	Z3：フラップ舵角（deg）
U4：ヨー入力	Z4：ラダー舵角（deg）
U5：推力入力	Z5：推力（kgf）

このU1～U5には，パイロットからの入力や外部からの入力であり，Z1～Z5は舵角である．例えばZ1に値を入力すると，航空機のエレベータ舵角が作動する．

航空機の運動情報（状態変数）も予め次のように設定されている．

〈縦系の状態変数〉

Z21：x 軸方向速度 u（m/s）
Z22：迎角 α（deg）
Z23：ピッチ角速度 q（deg/s）
Z24：ピッチ角 θ（deg）

〈横・方向系の状態変数〉

Z25：横滑り角 β（deg）
Z26：ロール角速度 p（deg/s）
Z27：ヨー角速度 r（deg/s）
Z28：ロール角 ϕ（deg）

このように，航空機への入力および出力変数は対応するZ番号が予め設定されているので，**ユーザーは航空機の運動方程式（ダイナミクス）をモデル化する必要はなく**，既に設定されている入力 U1～ U5 と状態変数 Z21～Z28 を用いて制御則を構成して，それらを舵角 Z1～Z5 につなぐことで，簡単に飛行制御系を構成することができる．

具体的に図 B.4(a) のピッチ角制御系の例題のインプットデータは，次のようである．（具体的な解析手順は後述する）

```
CDES. 模型飛行機オートパイロット縦1. Y130819. DAT  （ピッチ角制御）
***********************************************************************************
 12  //#####〈〈縦系制御則〉〉########
 13  //（次の Z21～ Z24 は変更不要）
 14  Z21= |u(m/s)| ;                 H  0                     201  21   0   0   0   0
 15  Z22= {ALP(deg)} ;               H  0                     205  22   0   0   0   0
 16  Z23= {q(deg/s)} ;               H  0                     203  23   0   0   0   0
 17  Z24= {THE(deg)} ;               H  0                     204  24   0   0   0   0
 18  //***************************
 19  //...〈De 系，ここから記述〉〉....
 20  Z29=U1*G ; (THEC)              H  0  0.1000E+01    52  29   1   0   0   0
 21  Z30= {t=G} Z24 ;               H  0  0.0000E+00    82  30  24   0   0   0
 22  Z12=Z30+Z29 ;                  H  0                35  12  30  29   0   0
 23  Z32=-Z12+Z24 ;                 H  0                38  32  12  24   0   0
 24  Z33=Z32*G ;                    H  0  0.6097E+00    53  33  32   0   0   0
 25  Z34= {(1+G2S)/(1+G1S)} Z33 ;   H  0  0.9323E+01   113  34  33  12   0   0
 26                                 H  0  0.3665E+01   113   0   0   0   0   0
 27  Z35=Z23*G ;                    H  0  0.2104E+00    53  35  23   0   0   0
 28  Z40=Z35+Z34 ;                  H  0                35  40  35  34   0   0
 29  Z40= {G1<=, <=G2} ;            H  0 -0.2000E+02    85  40   0   0   0   0
 30                                 H  0  0.2000E+02    85   0   0   0   0   0
 31  //（開ループ，根軌跡用ゲイン）(De)
                                                                        （つづき）
```

```
32  Z13={RGAIN(De)} Z40 ;           H  0               301  13  40   0   0   0
33  //（アクチエータ，2次遅れ）
34  Z1={G2^2/[G1G2]G3} Z13 ;        H  0   0.7000E+00  124   1  13  19   0   0
35                                  H  0   0.3000E+02  124   0   0  20   0   0
36                                  H  0   0.1000E+04  124   0   0   0   0   0
37  Z1={G1<=, <=G2} ;(De)           H  0  -0.2000E+02   85   1   0   0   0   0
38                                  H  0   0.2000E+02   85   0   0   0   0   0
39  //（Z1が舵角 De に接続される）
    （途中省略）
51  //（縦系の応答出力を設定）
55  R 6=Z21 ;      (y4：u)          H  0               101   6  21   0   0   0
56  R 7=Z22 ;      (y5：ALP)        H  0               101   7  22   0   0   0
57  R 8=Z23 ;      (y6：q)          H  0               101   8  23   0   0   0
58  R 9=Z24 ;      (y7：THE)        H  0               101   9  24   0   0   0
59  R10=Z12 ;      (y8：qModel)     H  0               101  10  12   0   0   0
60  //（この後に必要な応答を追加）
61  //（以上，全縦系制御則完了）
62  //（縦系の最後に次の END 文が必要）
63  {Pitch Data END} ;             H  0               899 888   0   0   0   0
------------------------------------(DATA END)------------------------------------
```

■ KMAP 線図について

図 B.4(a) のピッチ角制御系のインプットデータは，上記のとおりであるが，インプットデータのリストでは情報の流れがわかりにくい．そこで，次に示す **KMAP 線図（ブロック図の自動作画機能）** にて制御系の構成をみることができる．これによって，インプットミスがないかチェックすることができる．

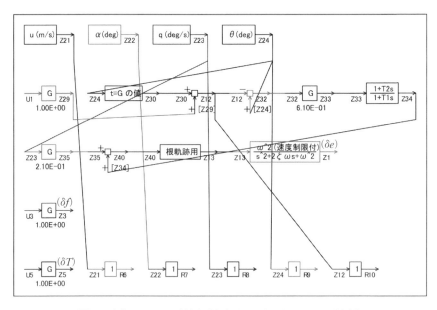

図 B.4(b)　KMAP 線図（上記インプットデータに対応）

■航空機の制御系解析の具体的な手順

次のロール角制御系を例として，制御系解析の具体的な手順を示す．

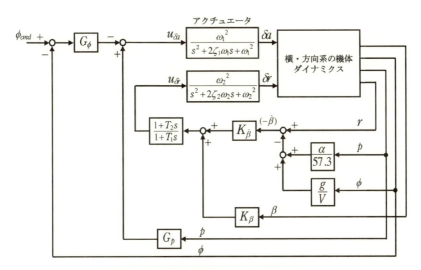

図 B.4(c)　航空機のロール角制御系

KMAP（バージョン116以降）を起動して，

① 「KMAP＊＊＊解析内容選択画面」⇒ "23" キーイン

（解析(3)：保存リストをコピー利用してデータ新規作成）
この "23" は航空機に関する解析を極力自動化したルーチンである．
インプットデータの一部を変更して解析を繰り返す場合に便利である．

② 「設計方式」⇒ "13" をキーイン

設計方式には11，13，21のケースがある．11は，飛行性能の要求値を満足する航空機を探索する場合である．13は，既に設計された航空機に対して飛行性能や飛行特性等を解析する場合である．21は，機体重量が一定の航空機（電池式や人力飛行機など）に対して飛行性能や飛行特性等を解析する場合である．

③ 「**機体データの取得方法**」⇒ ここでは例として, "99" をキーイン

インプットデータには機体形状データが必要であるが, ユーザーが最初から作り上げるのは大変であるので, 例題の航空機の中からコピーして, それを修正していくのがよい. 例題の航空機を選択するメニューに98, 99, 100がある. 98は, これまでに作成した航空機, 99は, 例題に登録してある航空機, 100は, 典型的な航空機例である.

④ 「**機体データの取得**」⇒ここでは例として "44" をキーイン
(CDES.B777-200.Y120505.DAT)

⑤ 「**制御則の選択**」⇒ "203" キーイン
(これにより, 図 B.4(c) の制御則が取り込まれる)

⑥ 「インプットデータ修正 (後半部)」と表示されるので, ゲイン最適化計算のために次のようにキーイン
　"1" "9"　　"1" "0" "0"　　"2" "0"
　"0" "98"　　"0" "0"　　　"2" "6"

これで解析計算が自動的に実行されて, 次の「解析結果の表示」の画面になる.

付録B　制御解析ツールについて（参考）　　　159

```
（利用した例題ファイル名）：CDES. B777-200. Y120505. DAT
（新しいファイル名）：CDES. 44. DAT
$$$$$$$$$$$$$$$$$$$$$$$$〈解析結果の表示〉$$$$$$$$$$（KMAP113）$$$$$$$$$$
$$　 0：結果表示　終了（次の解析または終了）　　　　　　　　　　　　　　$$
$$　　　　　　　　　　　　　　　　　　　　　　　　　　　　　　　　　　$$
$$　 1：安定解析図（f特，根軌跡）　　　　（Excel を立ち上げてください）　$$
$$　　　（極・零点配置，根軌跡，周波数特性などの図が表示できます）　　　$$
$$　　　（極・零点の数値データは "9"（安定解析結果）で確認できます）　　$$
$$　 2：シミレーション図（KMAP 時歴）　（Excel を立ち上げてください）　$$
$$　　　（40秒または200秒のタイムヒストリー図に表示できます）　　　　　$$
$$　 3：機体3面図　　　　　　　　　　　（Excel を立ち上げてください）　$$
$$　 4：飛行性能推算結果　（TES10. DAT）　　　　　　　　　　　　　　　$$
$$　 5：空力係数推算結果　（TES5. DAT）　　　　　　　　　　　　　　　　$$
$$　 6：ナイキスト線図（Excel を立ち上げてください）　　　　　　　　　$$
$$　 7：シミレーション図（KMAP Simu）　（Excel を立ち上げてください）　$$
$$　　　（Z191〜 Z200に定義した値をタイムヒストリー図に表示できます）　$$
$$　 8：飛行特性解析結果（機体固有）　（シミレーション結果：縦→81，横方向→82）$$
$$　88：飛行特性解析結果（制御系含み）（シミレーション結果：縦→881，横方向→882）$$
$$　 9：釣り合い飛行時のデータおよび安定解析結果　（TES13. DAT）　　　$$
$$　10：その他の Excel 図，101：KMAP 線図(1)，102：KMAP 線図(2)　　$$
$$　11：運動アニメーションを実行（ただし，飛行機と水中ビークルのみ）　$$
$$　　　（アニメーション開始：[shift]+[S]，終了：[shift]+[E]）　　　　$$
$$　　　（アニメーション表示モード変更：[shift]+[V]）　　　　　　　　　$$
$$　　　（アニメーション機体拡大：[Q]，縮小：[A]）　　　　　　　　　　$$
$$　　　（アニメーション表示回転：[←]，[↑]，[→]，[↓]）　　　　　　　$$
$$　12：運動アニメーションの移動量を調節する　　　　　　　　　　　　　$$
$$　13：シミレーションデータの保存と加工　　　　　　　　　　　　　　　$$
$$　14：取り扱い説明書（pdf 資料），（15：インプットデータ表示），（16：Ap，B2行列表示）$$
$$$$$$$$$$$$$$$$$$$$$$$$$$$$$$$$$$$$$$$$$$$$$$$$$$$$$$$$$$$$$$$$$$$$$$

●上記解析結果の表示　⇒　0〜を選択　-->
```

ここで，"9" とすると，「安定性解析結果」が数値で次のように表示される.

```
. . . . . . . . . . . . . . . . . . . . . . . . (釣り合い飛行時のデータ). . . . . . . . . . . . . . . . . . . . . . . . .
S　 = 0. 42800E+03(m2)　　CBAR = 0. 79460E+01(m)　　Hp = 0. 15000E+04(ft)
W　 = 0. 16091E+06(kgf)　　qbarS= 0. 19261E+06(kgf)　ROU= 0. 11952E+00(kgf・s2/m4)
V　 = 0. 86778E+02(m/s)　　VKEAS= 0. 16500E+03(kt)　 b　= 0. 60900E+02(m)
Ix = 0. 11936E+07(⇒)　　　Iz　 = 0. 39251E+07(⇒)　　Ixz= 0. 11936E+06(kgf・m・s2)
CL = 0. 83554E+00(−)　　　α　 = 0. 37503E+01(deg)　 CG = 0. 25000E+02(%MAC)
（この CL は初期釣合 G に必要な CL です）
T　 = 0. 24891E+05(kgf)　　δf　 = 0. 20000E+02(deg)　δe=-0. 18750E+01(deg)
CLα= 0. 1072E+00(1/deg)　 Cmα=-0. 2570E-01(1/deg)

縦安定中正点(neutral point)　　hn=(0. 25-Cmα/CLα)　*100= 0. 48982E+02(% MAC)
脚ΔCD=0. 20000E-01(−),　　　　　　　スピードブレーキΔCD = 0. 40000E-01(−)
脚-DN，スピードブレーキオープン，　初期フラップ角δfpilot= 0. 20000E+02(deg)
（微係数推算用フラップδf=0. 20000E+02(deg)）
　　　　　　　　　　　　　　　　　　　　　　　　　　　　　　　（つづく）
```

(CG=25%)	(CG=25.00%)	(プライムド有次元)
Cyβ =-0.133527E-01	Cyβ =-0.133527E-01	Yβ' =-0.103429E+00
Cyδr= 0.267702E-02	Cyδr = 0.267702E-02	Yδr'= 0.207360E-01
Clβ =-0.377996E-02	Clβ =-0.377996E-02	Lβ' =-0.210555E+01
Clδa=-0.188831E-02	Clδa =-0.188831E-02	Lδa'=-0.106571E+01
Clδr= 0.116076E-03	Clδr = 0.116076E-03	Lδr'= 0.436490E-01
Clp =-0.442446E+00	Clp =-0.442446E+00	Lp' =-0.152995E+01
Clr = 0.266273E+00	Clr = 0.266273E+00	Lr' = 0.898407E+00
Cnβ = 0.172082E-02	Cnβ1 = 0.172082E-02	Nβ' = 0.230644E+00
Cnδa= 0.525920E-04	Cnδa = 0.525920E-04	Nδa'=-0.234006E-01
Cnδr=-0.127596E-02	Cnδr1=-0.127596E-02	Nδr'=-0.217167E+00
Cnp = 0.459768E-02	Cnp = 0.459768E-02	Np' =-0.417020E-01
Cnr =-0.215260E+00	Cnr =-0.215260E+00	Nr' =-0.198410E+00

```
**************************************************************************
(NAERO=21) 横δaコントロールシステム解析
●出力キーイン：i=3：BETA，4：p，5：r，6：PHI （不明なら6入力）
*************************（フィードバック前の極チェック）*********************
***************************POLES*****************************
POLES(9), EIVMAX=0.500D+02
 N    REAL              IMAG
 1   -0.34999999D+02   -0.35707143D+02   [0.7000E+00, 0.5000E+02]
 2   -0.34999999D+02   -0.35707143D+02   [0.7000E+00, 0.5000E+02]
 3   -0.34999999D+02    0.35707143D+02   周期P(sec) =0.1760E+00
 4   -0.34999999D+02    0.35707143D+02   周期P(sec) =0.1760E+00
 5   -0.15550890D+01    0.00000000D+00
 6   -0.13635124D+00    0.00000000D+00
 7   -0.12374736D+00   -0.65984735D+00   [0.1843E+00, 0.6714E+00]
 8   -0.12374736D+00    0.65984735D+00   周期P(sec) =0.9522E+01
 9   -0.29208376D-01    0.00000000D+00

**************************************************************************
(以下の解析結果はインプットデータの制御則による)
***************************POLES AND ZEROS***************************
POLES(9), EIVMAX=0.4941D+02
 N    REAL              IMAG
 1   -0.34584448D+02   -0.35295152D+02   [0.6999E+00, 0.4941E+02]
 2   -0.34584448D+02    0.35295152D+02   周期P(sec) =0.1780E+00
 3   -0.34488172D+02   -0.35199286D+02   [0.6999E+00, 0.4928E+02]
 4   -0.34488172D+02    0.35199286D+02   周期P(sec) =0.1785E+00
 5   -0.11874112D+01   -0.11883005D+01   [0.7068E+00, 0.1680E+01]
 6   -0.11874112D+01    0.11883005D+01   周期P(sec) =0.5288E+01
 7   -0.62416511D+00   -0.62398385D+00   [0.7072E+00, 0.8826E+00]
 8   -0.62416511D+00    0.62398385D+00   周期P(sec) =0.1007E+02
 9   -0.19974925D+00    0.00000000D+00
ZEROS(5), II/JJ=6/1, G=0.6942D+04
 N    REAL              IMAG
 1   -0.34554705D+02   -0.35272576D+02   [0.6998E+00, 0.4938E+02]
 2   -0.34554705D+02    0.35272576D+02
 3   -0.57398377D+00   -0.67966771D+00   [0.6452E+00, 0.8896E+00]
 4   -0.57398377D+00    0.67966771D+00
 5   -0.19969427D+00    0.00000000D+00
```

(つづく)

付録B　制御解析ツールについて（参考）　　　161

```
***************************POLES AND ZEROS***************************
POLES(9), EIVMAX=0.5000D+02
 N    REAL            IMAG
 1   -0.34999999D+02  -0.35707143D+02  [0.7000E+00,  0.5000E+02]
 2   -0.34999999D+02   0.35707143D+02   周期P(sec) =0.1760E+00
 3   -0.34551653D+02  -0.35270087D+02  [0.6998E+00,  0.4937E+02]
 4   -0.34551653D+02   0.35270087D+02   周期P(sec) =0.1781E+00
 5   -0.15560837D+01   0.00000000D+00
 6   -0.57315275D+00  -0.77381264D+00  [0.5952E+00,  0.9630E+00]
 7   -0.57315275D+00   0.77381264D+00   周期P(sec) =0.8120E+01
 8   -0.19938609D+00   0.00000000D+00
 9    0.36939856D-01   0.00000000D+00
ZEROS(6), II/JJ=1/3, G=-0.2424D+04
 N    REAL            IMAG
 1   -0.34555951D+02  -0.35273777D+02  [0.6998E+00,  0.4938E+02]
 2   -0.34555951D+02   0.35273777D+02
 3   -0.28644259D+01   0.00000000D+00
 4   -0.57267517D+00  -0.67908514D+00  [0.6447E+00,  0.8883E+00]
 5   -0.57267517D+00   0.67908514D+00
 6   -0.19969408D+00   0.00000000D+00
```

```
周波数            ゲイン余裕        位相余裕
 1.60000(rad/s)                    (1)72.61275(deg)
50.00000(rad/s)   (1)36.82832(dB)
```

```
ゲイン余裕最小値=36.82832(dB), 位相余裕最小値=72.61275(deg)
```

★伝達関数のゲイン最大値指定なし
★安定余裕指定なし
★エルロン系のゲイン探索のみ
```
&&&&&(最適ゲイン探索結果)&&&&&&
&  (1)    75行目   0.9100E+00  &
&  (2)    77行目   0.2602E+01  &
&  (3)   104行目   0.7676E+01  &
&  (4)   105行目   0.3139E+01  &
&  (5)   107行目   0.7334E+01  &
&  (6)   108行目   0.3683E+01  &
&&&&&&&&&&&&&&&&&&&&&&&&&
```
左記の行番号に記述されて
いるフィードバックゲイン
が最適化の対象となる

■航空機の制御系解析結果

解析が終了すると,「解析結果の表示」の画面がでる.ここで,「101」とキーインすると,次のKMAP線図が表示される.

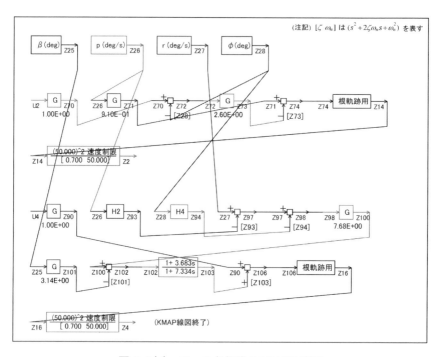

図 B.4(d)　ロール角保持の KMAP 線図

付録B　制御解析ツールについて（参考）　　163

次に，「解析結果の表示」の画面で「1」とキーイン／Enterすると，次の根軌跡と極・零点の図が表示される．

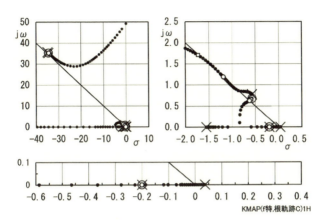

図B.4(e)　ロール角保持（エルロン系）の根軌跡

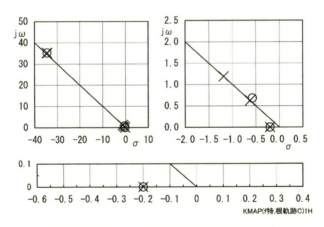

図B.4(f)　ロール角保持の極・零点（ϕ/U2）

次に,「解析結果の表示」画面で「2」とキーインすると,Excel の時歴グラフのフォルダーが表示されるので,「KMAP(時歴40p)8D.xls」を選択すると,図 B.4(g) のシミュレーション結果が得られる.これから,10°のロール角コマンドに対して,ロール角が追従していることがわかる.

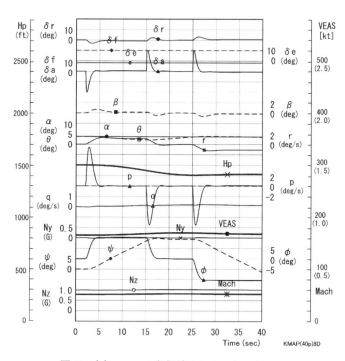

図 B.4(g)　ロール角保持のシミュレーション

付録B　制御解析ツールについて（参考）　　　　　　　　　165

「解析結果の表示」画面で「3」とキーインすると,「KMAP(機体図)8.xls」を用いて機体3面図を表示させることができる.

図B.4(h)　機体3面図

なお,これらのExcel図をWordに貼り付けるには,当該部分の領域を選択し,Wordの「編集」タグから「形式を選択して貼り付け」の「拡張メタファイル」にて実施すると,精度よく図を貼り付けることができる.

付録C　制御系設計において注意する点

著者は長らく航空機の飛行制御系設計の仕事にたずさわってきた．40年前に開発が開始されたT-2CCV研究機と，30年前に開発が開始されたF-2支援戦闘機に，いずれも開発開始から飛行試験終了まで飛行制御則の設計に没頭した．フライ・バイ・ワイヤ（FBW）操縦システムの機体においては，パイロットのコメントに基づいて飛行特性上の問題点を解決するのも飛行制御則設計者の仕事である．航空機開発の最初から最後まで面倒をみることになるため，まさに自分の子供を育てるような長いつきあいとなる．40年もの間，好きな飛行機設計の仕事をやらせていただいた事はありがたいと思っている．これから制御系設計エンジニアとして育っていく方に少しでも参考になればと思い，制御系設計に関する著者の経験を少しお話してみたいと思う．

図C.1　飛行試験中のT-2CCV[23)]

図C.2　飛行試験中のXF-2[31)]

実は，著者は会社に入るまで制御の専門家ではなかった．大学で制御工学の授業を受けた程度である．しかし，後になってわかったことであるが，航空機の制御系を設計するには，制御の知識はもちろんであるが，それにも増して飛行機の運動の知識が必要であると痛感した．制御則の設計手法や解析手法はいずれも線形解析であり，設計の出発点にすぎない．あらゆる飛行条件，パイロットの操縦方法に応じて，機体の空気力が非線形に作用するため，それらの

全ての事象に適切な飛行特性を実現するには，飛行機の運動の知識が必要になってくる．制御の専門家としては，よい制御則を設計することはもちろんであるが，被制御系のダイナミクスが制御によって変化した場合にどのような影響があるかなど，システム全体のことも詳細に考えていくことが重要である．くれぐれも，ダイナミクスの線形行列データだけを待っているような専門家にはならないようにしたいものである．

最近の多くの航空機は，フライ・バイ・ワイヤ操縦システムを採用している．コンピュータが操縦していると言っても過言ではない．初期のフライ・バイ・ワイヤ機の開発において，重大なトラブルの大半は飛行制御則の不具合が原因である．そういう背景から，飛行制御則はとにかく"安全第一"で設計することが重要である．

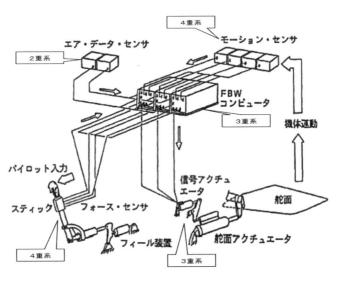

図C.3　フライ・バイ・ワイヤの例

安全第一で設計，と言っても具体的には非常に難しいことであるが，著者の経験の範囲で言うと，次のようなことが考えられる．（気付き事項を思いつくまま記述してみる）

付録C 制御系設計において注意する点 169

① 過去の飛行制御則（飛行したもの）を徹底的に調査理解する．（幾多の不具合を克服して成功した実績は貴重な財産）

② 上記①の関連で，過去の不具合を徹底的に調査理解する．

③ 新しい考えの飛行制御則をいきなり適用しない．まずは，実験機で飛行実証する．

④ 設計した飛行制御則をブロック図で細部まで明らかにする．第三者がみて全て理解できることが必要．

⑤ フィルタは高次式のままにしないで，極・零点がわかるように，伝達関数の基本要素（表2.1参照）に分解してブロック図に記入するとわかりやすい．

⑥ 設計の考え方を細かく，わかりやすくまとめておく．設計過程の不具合と改善策は，第三者にもわかるように記録しておく．（設計過程の不具合を改善していくことで安全になっていく）

⑦ 制御則はとにかくシンプルであること．条件によって切り替わるロジックは最小限にする．（突然切り替えるのではなく軟着陸で）

⑧ エレベータ，エルロン，ラダーの3舵のループのオープンループの極・零点を計算しておくとともに，根軌跡も計算して不安定な動きがないことを確認する．極・零点，根軌跡は安全設計のための基本中の基本．根軌跡は古典制御と軽視しないこと．

⑨ エレベータ，エルロン，ラダーの3舵のループの安定余裕（ゲイン余裕，位相余裕）が飛行制御系の設計基準を満足することを確認する．

⑩ 飛行制御則の設計に用いる制御系の数学モデルは，理想的なモデルにしないことが重要．エレベータ，エルロン，ラダーの3舵のループには，アクチュエータモデルは最低でも2次遅れとし，時間遅れ（線形解析はパデ近似）も100ms程度を挿入して設計する．（理想モデルで設計するとリグ装置での地上試験でトラブル発生）

⑪ 飛行制御則設計時には，同時に非線形6自由度運動方程式のシミュレーションにて，大操舵のむちゃくちゃ操縦によって不具合をあぶり出す．（これは納得いくまで徹底的に行うことが重要）

⑫ 飛行制御則の設計は泥臭い仕事と認識する．実機に適用する制御則は模型飛行機での設計確認飛行でもよいので，とにかく飛行実績のあることを重視する．（実績ある物をまねることが最大の安全策である）

⑬　飛行機の善し悪しは，失速に近い状態での飛行特性が適切であることで決まる．失速した場合やスピンに発展した場合にも，パイロットによる操縦が十分作動するようになっていることが重要．

⑭　オートパイロットとパイロット操縦との優先度はよいか．縦と横のコントロールパワーのバランスは偏っていないか．

⑮　パイロット入力から主要3舵面の舵角出力までのボード線図を描いて飛行実績のある機体と比較すると安心できる．（空中はもちろん，地上静止状態も含める）

　以上，とりとめない話をまとめてみたが，これから制御系設計に携わるエンジニアの方の一助になれば幸いである．

参 考 文 献

1）高橋利衛：自動制御の数学（第9版），オーム社，1968.

2）鈴木 隆：自動制御理論演習，学献社，1969.

3）Heffley, R.K. and Jewell, W.F. : Aircraft Handling Qualities Data, NASA CR-2144, 1972.

4）McRuer, D, Ashkenas, I., Graham, D. : Aircraft Dynamics and Automatic Control, Princeton Univ. Press, 1973.

5）有本 卓：線形システム理論，産業図書，1974.

6）古田勝久，美多 勉：システム制御理論演習，昭晃堂，1978.

7）高橋安人：システムと制御（第2版，上，下），岩波書店，1978.

8）伊藤正美：大学講義 自動制御，丸善，1981.

9）明石 一，今井弘之：詳解 制御工学演習，共立出版，1981.

10）古田勝久，川路茂保，美多 勉，原 辰次：メカニカルシステム制御，オーム社，1984.

11）嘉納秀明：現代制御工学―動的システムの解析と制御―，日刊工業新聞社，1984.

12）廣田 實：船舶制御システム工学〈増補版〉，成山堂書店，1984.

13）加藤寛一郎：最適制御入門 レギュレータとカルマンフィルタ，東京大学出版会，1987.

14）小林伸明：基礎制御工学，共立出版，1988.

15）岩井善太，井上 昭，川路茂保：オブザーバ，コロナ社，1988.

16）美多 勉，大須賀公一：ロボット制御工学入門，コロナ社，1989.

17）前田 肇，杉江俊治：アドバンスト制御のためのシステム制御理論，朝倉書店，1990.

18) Blakelock, J.H. : Automatic Control of Aircraft and Missiles, Second Edition, John Wiley & Sons, 1991.

19) 土手康彦, 原島文雄：モーションコントロール, コロナ社, 1993.

20) 美多　勉：H_∞制御, 昭晃堂, 1994.

21) 細江繁幸, 荒木光彦監修：制御系設計－H_∞制御とその応用－, 朝倉書店, 1994.

22) 神崎一男：基礎メカトロニクス, 共立出版, 1994.

23) 菅野秀樹, 片柳亮二：T-2CCV の Pilot-Induced Oscillatin（PIO）特性とその改善, 日本航空宇宙学会誌, 第43巻, 第498号, 1995年7月.

24) J.C. Doyle, B.A. Francis, A.R. Tannenbaum,（藤井隆雄監訳）：フィードバックゲイン制御の理論, コロナ社, 1996.

25) 内田, 中本, 千田, 江連, 今成, 渡辺, 木田, 平田：H_∞制御の実プラントへの応用, 計測自動制御学会, 1996.

26) 岩崎哲也：LMI と制御, 昭晃堂, 1997.

27) Zhou, K. and Doyle, J.C. : Essentials of Robust Control, Pretice-Hall, 1998.

28) 三宮, 喜多, 玉置, 岩本：遺伝的アルゴリズムと最適化, 朝倉書店, 1998.

29) 野波健蔵, 西村秀和, 平田光男：MATLAB による制御系設計, 東京電機大学出版局, 1998.

30) 木村英紀：H_∞制御, コロナ社, 2000.

31) 井出正城, 堀江和宏, 片柳亮二, 山本真生, 橋本和典, 佐竹伸正：XF-2 の飛行制御システム設計, 日本航空宇宙学会誌, 第48巻, 第555号, 2000年4月.

32) 藤森　篤：ロバスト制御, コロナ社, 2001.

33) Abzug, M.J. and Larrabee, E.E. : Airplane Stability and Control, Second Edition, Cmbridge University Press, 2002.

34) 森　泰親：演習で学ぶ現代制御理論, 森北出版, 2003.

35) 嶋田有三：わかる制御工学入門－電気・機械・航空宇宙システムを学ぶ為に－, 産業図書, 2004.

36) 片柳亮二：航空機の運動解析プログラム KMAP, 産業図書, 2007.

37) 片柳亮二：航空機の飛行力学と制御, 森北出版, 2007.

38) 吉田和夫他8名：運動と振動の制御の最前線, 共立出版, 2007.

参 考 文 献　　　173

39) 岡田昌文：システム制御の基礎と応用，数理工学社，2007.

40) 片柳亮二：KMAP による制御工学演習，産業図書，2008.

41) 片柳亮二：飛行機設計入門－飛行機はどのように設計するのか，日刊工業新聞社，2009.

42) 片柳亮二：KMAP による飛行機設計演習，産業図書，2009.

43) 横山修一，濱根洋人，小野垣　仁：基礎と実線　制御工学入門，コロナ社，2009.

44) 野波健蔵：システム動力学と振動制御，コロナ社，2010.

45) 片柳亮二：KMAP による工学解析入門，産業図書，2011.

46) 熊谷英樹，日野満司，村上俊之，桂誠一郎：基礎からの自動制御と実装テクニック，技術評論社，2011.

47) 川田昌克：MATLAB / Simulink による現代制御入門，森北出版，2011.

48) 片柳亮二：初学者のための KMAP 入門，産業図書，2012.

49) 片柳亮二：飛行機設計入門 2（安定飛行理論）－飛行機を安定に飛ばすコツ，日刊工業新聞社，2012.

50) 涌井伸二，橋本誠司，高梨宏之，中村幸紀：現場で役に立つ制御工学の基本，コロナ社，2012.

51) 蛯原義雄：LMI によるシステム制御，森北出版，2012.

52) 片柳亮二：機械システム制御の実際－航空機，ロボット，工作機械，自動車，船および水中ビークル，産業図書，2013.

53) 片柳亮二：Z 接続法ゲイン最適化による飛行制御系設計，日本航空宇宙学会，第51回飛行機シンポジウム，2013年11月.

54) 片柳亮二：Z 接続法ゲイン最適化による内部モデル制御を用いたピッチ角制御系，日本航空宇宙学会，第51回飛行機シンポジウム，2013年11月.

55) 片柳亮二：例題で学ぶ航空制御工学，技報堂出版，2014.

56) 片柳亮二：設計法を学ぶ　飛行機の安定性と操縦性，成山堂書店，2015.

57) 小原敦美：行列不等式アプローチによる制御系設計，コロナ社，2016.

58) 川田昌克編著他：倒立振子で学ぶ制御工学，森北出版，2017.

59) 片柳亮二：Z 接続法ゲイン最適化による多目的飛行制御設計－安定余裕要求を満足するピッチ角制御系，日本航空宇宙学会第49期年会講演会，2018年 4 月，2018年 4 月.

60) 片柳亮二：Ｚ接続法ゲイン最適化による多目的飛行制御設計－極の実部領域を指定したロール角制御系，第62回システム制御情報学会研究発表講演会，2018年5月.
61) 片柳亮二：Ｚ接続法ゲイン最適化による多目的飛行制御設計－ロール角制御における最適レギュレータとの比較，第62回システム制御情報学会研究発表講演会，2018年5月.

索　引

あ 行

行き過ぎ時間　33
行き過ぎ量　33
位相　26
位相交点　30
位相余裕　30
一巡伝達関数　9, 29
インデシャル応答　32

か 行

開ループ（オープンループ）伝達関数　29
感度関数　10

共振周波数　26
共振値　26
極　19, 27, 135
極・零点の次数差　30
極・零点配置　20, 135

ゲイン　26
ゲイン交点　30
ゲイン余裕　30
減衰比　21
現代制御理論　1

古典制御　1
固有振動数　21
根軌跡　30
混合感度問題　11

さ 行

最適レギュレータ　67, 114
最適レギュレータ理論　2

時間遅れ　8
時定数　21
周波数応答関数　25
周波数伝達関数　25
出力フィードバック　7
状態空間表現　19
状態フィードバック制御系　6
乗法的誤差　9

整定時間　33
線形行列不等式 LMI　3

相補感度関数　9

た 行

立ち上がり時間　33
多目的制御設計　3
単位ステップ応答　32

遅延時間　33

伝達関数　17, 135
伝達関数の基本要素　20

特性根　19, 27, 135
特性方程式　19, 135

な　行

ナイキスト線図　30
ナイキストの安定判別法　30

2点境界値問題　13
2輪車両の車庫入れ問題　13

は　行

パデ近似　8
バンド幅　27

非線形最適化問題　13

フィードバック制御系　28
フィルタ　18

閉ループ（クローズド）伝達関数　29

ボード線図　26
ホバリング飛行体　118

ま　行

モンテカルロ法　6

ら　行

ラウス・フルビッツの安定判別法　2
ラプラス"逆"変換　2
ラプラス変換　17, 133

零点　19, 135

ロバスト安定問題　9

H

H_∞制御　3, 9
H_∞ノルム　9

K

KMAP（ケーマップ）　137
KMAP（ケーマップ）ゲイン最適化法　5
KMAPゲイン最適化　35
KMAP法　5

〈著者略歴〉

片柳亮二（かたやなぎ・りょうじ），博士（工学）

1946年　群馬県生まれ
1970年　早稲田大学理工学部機械工学科卒業
1972年　東京大学大学院工学系研究科修士課程（航空工学）修了．
　　　　同年，三菱重工業㈱名古屋航空機製作所に入社．
　　　　T-2CCV機，QF-104無人機，F-2機等の飛行制御系開発に従事．
　　　　同社プロジェクト主幹を経て
2003年〜2016年　金沢工業大学航空システム工学科教授
2016年　金沢工業大学客員教授

著　書　・「航空機の運動解析プログラムKMAP」産業図書，2007
　　　　・「航空機の飛行力学と制御」森北出版，2007
　　　　・「KMAPによる制御工学演習」産業図書，2008
　　　　・「飛行機設計入門―飛行機はどのように設計するのか」，日刊工業新聞社，2009
　　　　・「KMAPによる飛行機設計演習」産業図書，2009
　　　　・「KMAPによる工学解析入門」産業図書，2011
　　　　・「航空機の飛行制御の実際―機械式からフライ・バイ・ワイヤへ」，森北出版，2011
　　　　・「初学者のためのKMAP入門」産業図書，2012
　　　　・「飛行機設計入門2（安定飛行理論）―飛行機を安定に飛ばすコツ」，日刊工業新聞社，2012
　　　　・「飛行機設計入門3（旅客機の形と性能）―どのような機体が開発されてきたのか」，日刊工業新聞社，2012.
　　　　・「機械システム制御の実際―航空機，ロボット，工作機械，自動車，船および水中ビークル」，産業図書，2013
　　　　・「例題で学ぶ航空制御工学」，技報堂出版，2014
　　　　・「例題で学ぶ航空工学―旅客機，無人飛行機，模型飛行機，人力飛行機，鳥の飛行」，成山堂書店，2014.
　　　　・「設計法を学ぶ 飛行機の安定性と操縦性」，成山堂書店，2015.
　　　　・「飛行機の翼理論」，成山堂書店，2016.

KMAPゲイン最適化による多目的制御設計
なぜこんなに簡単に設計できるのか

2018年9月10日　　初　版

著　者	片柳亮二
発行者	飯塚尚彦
発行所	**産業図書株式会社**

〒102-0072 東京都千代田区飯田橋2-11-3
電話 03(3261)7821(代)
FAX 03(3239)2178
http://www.san-to.co.jp

制　作　**株式会社新後閑**

© Ryoji Katayanagi 2018
ISBN 978-4-7828-4107-5 C3053

印刷・製本　平河工業社